소 중 한 나 를 위 한 면 생 리 대 이 야 기

쉽 게 따 라 하 는

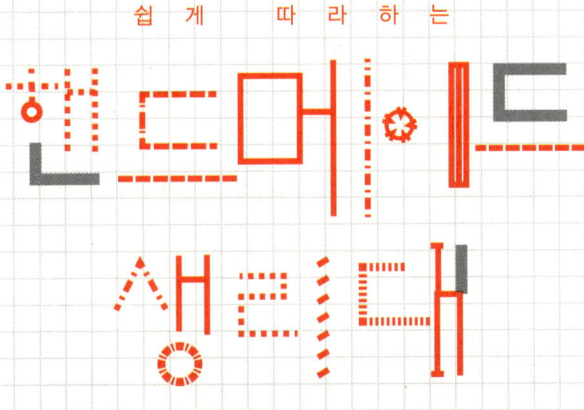

핸드메이드
생리대

여성환경연대 · 네모의꿈 지음

북센스

여성들이여, 자신의 몸을 사랑하라

생리는 여성에게 일어나는 가장 친밀하고 오래된 몸의 메시지이다. 고대로부터 생리는 신비스럽게 여겨지면서도 터부시되어왔다. 많은 여성들이 느끼는 생리에 대한 불편함, 번거로움, 불안함은 바로 이 때문이다.

생리에 대한 느낌은 생리혈을 처리하는 방식에 의해서 큰 영향을 받는다. 생리를 하는 동안 불쾌한 냄새가 나거나 가렵고 고통스럽다면, 생리를 하는 몸은 거추장스럽고 열등한 것으로 여겨진다.

그런데 문제는 많은 여성이 사용하고 있는 일회용 생리대가 생리에 대한 부정적인 인식을 부추긴다는 사실이다. 일회용 생리대는 여성에게 활동성을 주어서 사회참여를 활발하게 만든 측면이 있지만, 생리로 인해 느끼는 불쾌함을 가중시킨다.

대부분의 일회용 생리대는 염소표백처리를 하는데, 염소는 발암물질인데다 처리과정에서 다이옥신이 발생한다. 게다가 흡수층에는 여러 가지 화학물질이 포함되어 있어서 이것이 점막이 얇은 자궁조직에 침투해 축적되면 인체에 치명적인 영향을 끼칠 수 있다. 이러한 화학물질과 몸에서 나오는 분비물이 합쳐져서 불쾌한 냄새와 증상을 만들고 극심한 생리통과 자궁내막증의 원인이 되기도 한다.

이처럼 반생명적인 일회용 생리대의 문제점을 극복하기 위해 다양한 시도를 하고 있는데, 그 중 하나가 면생리대를 만들어 사용하는 것이다. 면생리대로 바꾼 후 가려움증과 짓무름, 극심한 생리통이 사라져 좋다는 이들이 늘고 있다.

하지만 여전히 많은 여성이 면생리대를 접해본 적이 없으며, 초경을 맞은 소녀들의 손에는 일회용 생리대가 건네지고 있는 게 현실이다. 이런 시점에서 나온

『쉽게 따라하는 핸드메이드 생리대』는 이 땅의 여성들에게 단비처럼 반가운 책이 아닐 수 없다.

『쉽게 따라하는 핸드메이드 생리대』는 여성의 몸을 존중하고 사랑하게 만드는 책이며 무엇보다 매우 친절해서 기분이 좋은 책이다. 이 책을 활용하면 팬티라이너에서 대형 생리대까지 다양한 종류의 생리대를 만들 수 있으며, 면티셔츠를 활용한 생리대와 내 몸에 맞춘 팬티, 생리대 보관함과 에코백 같은 각종 관련 소품들까지 직접 만들 수 있다. 더불어 면생리대를 처음 만나는 여성들의 궁금증을 세심하게 풀어주었다

이제 막 초경을 시작한 소녀들에게 무엇보다 필요한 것은 자신에게 닥쳐온 몸의 변화를 반갑고 편안하게 받아들이는 일이다. 예쁘고 건강하며 생태적이기까지 한 면생리대는 자신의 몸을 긍정하고 삶을 즐겁게 해주는 소중한 선물이다. 학교와 동네 집집마다 초경을 시작하는 여자아이들과 그들의 언니와 어머니가 어울려 앉아 핸드메이드 생리대를 만들면서 새롭게 열리는 인생의 단계를 축하하는 모습을 상상해보라!

2010년 가을
하은희
여성환경연대 환경건강위원장, 이화여대 예방의학교실 교수

핸드메이드 라이프의 즐거움

슬로 라이프 열풍이 거셉니다. 슬로 푸드가 각광받고 슬로 시티와 도보여행이 사람들의 관심을 끌고 있습니다. 곳곳에서 풍요와 편리를 위해 쉼 없이 달려가던 삶을 멈추고, 자연과 이웃과 함께 하는 새로운 속도의 삶을 꿈꾸는 이들이 늘어나고 있습니다. 우리 사회는 여전히 바쁘게 돌아가고 있습니다만, 이렇게 자기 삶의 속도에 대해 문제의식을 갖는 사람들이 늘어나고 있다는 건 기쁘고 반가운 일입니다.

빠르게 질주하는 사회는 자연을 파괴할 뿐만 아니라, 자연의 한 부분이면서 그 자체로 온전한 우주를 이루고 있는 우리의 몸에 나쁜 영향을 미칩니다.
여성환경연대는 2005년부터 슬로 라이프 운동을 한국에 소개했습니다. 느림의 촛불을 밝히는 '캔들나이트' 등으로 우리 사회에 느린 삶의 가치와 즐거움을 알리고 있습니다. 그 외에도 삶의 속도에 자연의 리듬감을 되찾기 위한 대안을 제안하고 실천하는 일을 꾸준히 해왔습니다.

'네모의꿈'과 함께 만든 『쉽게 따라하는 핸드메이드 생리대』는 여성환경연대의 오랜 소망이 이루어 낸 작은 결실입니다. 조용하게 낮은 목소리로 주고받았던 이야기들을 이렇게 책으로 엮어낸 이유는, 개발과 파괴의 속도를 늦추기 위한 방편입니다.
이 책은 우리가 핸드메이드를 통해 자연과 조화를 이루는 삶의 리듬과 속도를 연습할 수 있도록 도와줄 것입니다. 오리고 꿰매는 즐거운 손 작업 과정에서 우리는 스스로 건강한 삶을 만들 수 있다는 자신감을 얻게 될 것입니다.

모쪼록 이러한 수고로움으로 인해 보다 많은 이들이 내 몸과 지구의 건강을 도모하는 핸드메이드 라이프의 소소한 즐거움을 누릴 수 있게 되길 희망합니다.

일본에 슬로 푸드 운동을 소개한 시마무라 나쓰진의 저서 『슬로 푸드적 인생!』의 후기를 면생리대와 연결 지어 고친 글로 마무리를 할까 합니다.

"다소 거창하게 말한다면, '면생리대 만들기'란 '바느질'을 통해 자신과 세계의 관계를 천천히 되묻는 작업이다. 나와 친구, 나와 가족, 나와 사회, 나와 자연, 나와 지구 전체의 관계를 말이다."

2010년 10월
여성환경연대

내 몸에게 바치는 고귀한 선물

알록달록한 원단을 보면 마음이 설렙니다. 즐거운 마음으로 정성을 다해 작품을
만들고 나면 그 작품이 꼭 말을 걸어올 것만 같습니다.
면생리대와의 첫 만남을 기억합니다. 처음 면생리대를 보고 '어릴 적에 우리 엄마
가 쓰시던 거랑 비슷하네' 하며 반가운 마음이 앞섰지요. 면생리대의 의미와 실
제 써본 소감에 대해 들으며 자연스레 '우리가 직접 만들어보면 어떨까' 하는 생
각을 했습니다. 주변을 둘러보니 생각보다 많은 분들이 면생리대를 사용하고 있
었습니다. 생리통에 좋다는 말에, 쾌적한 사용감 때문에, 아는 분의 권유로 등등,
각자 이유는 달랐지만 결론은 한결같았습니다. 써보니 참 좋다고, 몸이 먼저 알
고 좋아한다고……

"직접 만들어 보고는 싶은데 방법도 잘 모르겠고 너무 어려울 것 같아요."
면생리대를 만들고 싶은데 엄두가 나지 않는다며 고개를 흔드는 후배의 말을 듣고
아이디어가 반짝였습니다. 바느질을 좋아하는 우리가 도와줄 수 있지 않을까, 하
고 말이지요. 고민을 거듭하며 자료를 모으다보니 이전엔 몰랐던 사실을 많이 알
게 되었습니다. 단순히 우리 몸에 좋아서 뿐만이 아니라, 우리 아이들의 미래를 위
해서도 면생리대가 꼭 필요하다는 생각을 하게 되었습니다. 어떻게 해야 몸에 좀
더 잘 맞고 편리하게 쓸 수 있을지, 머리를 맞대고 고민을 이어갔습니다. 주변의
여러 의견을 귀담아 들으며 부지런히 연구를 해나갔습니다.

그런 열정과 노력을 담아 책을 내놓게 되었습니다. 이 책에는 각기 다른 개성을 지
닌 12가지의 생리대와 10가지의 소품을 만드는 법과 실물본이 담겨 있습니다.

특히 바느질이 서툰 분들을 위해 한눈에 바로 이해할 수 있도록 만들기 그림과 관련 설명을 꼼꼼하고 친절하게 넣었습니다. 책의 뒷부분에 수록한 '바느질 수업'은 바느질의 기초부터 차근차근 짚어볼 수 있어서 중고등학생들도 쉽게 따라할 수 있답니다.

면생리대에 관한 다양한 읽을거리와 여성 건강에 관한 정보들 역시 많은 도움이 될 것입니다. 면생리대를 처음 접하는 분들을 위해서 처음 사용할 때 느끼는 불편함과 궁금증을 하나하나 풀어놓았습니다. 면생리대 마니아들을 위해서는 혼자만 알기 아까워서 널리 알리고 싶었던 알찬 정보를 담았습니다.

한 땀 한 땀 정성을 기울여 만든, 세상에 하나뿐인 면생리대는 내 몸에게 바치는 가장 고귀한 선물입니다. 자신의 몸을 소중하게 여기는 마음이 널리 퍼져서 모두가 건강하고 행복한 세상이 되었으면 합니다.

2010년 10월
네모의꿈

한눈에 보는 차례

차례

※ 실물본 20가지는 겉표지 뒷면에 있습니다.

면생리대가 좋은 점 10가지

01 나의 건강을 지켜요
일회용 생리대에는 합성 계면활성제, 표백제, 방부제 등 각종 유해물질이 포함되어 있어요. 생리대와 맞닿는 피부는 입술처럼 표피가 얇아서 해로운 물질이 흡수되기 매우 쉽답니다.

02 내 몸 속 아기집을 보호해요
우리 몸 속에는 생명이 피어나는 궁전, 자궁(子宮)이 있습니다. 소중한 아기집을 유해물질로부터 보호해야 건강한 아이를 낳을 수 있어요.

03 보송보송 가뿐해요
느낌만 순면이 아닌 진짜 천연섬유로 만드는 면생리대. 몸에 닿는 느낌이 부드럽고 피부에 들러붙지 않아요. 도톰한 융으로 만들면 흡수력도 뛰어나답니다.

04 불쾌한 냄새는 안녕
쓰고 난 일회용 생리대에서 풍겨오는 퀴퀴한 냄새는 각종 화학성분과 생리혈이 반응하면서 발생하지요. 면생리대를 사용하면 불쾌한 냄새가 거의 나지 않아요.

05 짓무름, 염증도 굿바이
일회용 생리대는 통풍이 되지 않는 플라스틱 소재여서 오랜 시간 피부에 맞닿아 있으면 짓무름이 생기기 쉬워요. 체온으로 인해 세균 번식과 감염 가능성도 높지요.

06 신비로운 내 몸을 만나요
쓰고 난 생리대를 보며 더럽다고 생각하진 않았나요? 생리혈에 대한 혐오감은 내 몸에 대한 혐오감이기도 합니다. 손수 생리대를 만들고 직접 빨아 쓰면서 신비로운 내 몸의 변화를 느껴보세요.

07 정성을 가득 담은 선물로 좋아요
친구의 생일에, 초경을 시작한 조카에게, 아기를 낳은 언니에게, 생리통이 심한 동생에게, 한 땀 한 땀 정성을 담아 선물해 보세요. 따뜻한 마음을 품은 소중한 선물에 감동할 거예요.

08 생리대 구입비를 절약해요

통계 결과 생리 때마다 평균 20~30여 개의 일회용 생리대가 쓰입니다. 연간 구입비를 계산해보면 10만원이 훌쩍 넘지요. 면생리대로 지출을 줄일 수 있어요.

09 숲과 나무가 살아나요

일회용 생리대의 소재는 펄프와 플라스틱. 한 개당 약 23g의 탄소가 발생합니다. 면생리대를 쓰면 원료로 쓰이는 펄프 사용을 줄여 그만큼 나무가 덜 베어지지요.

10 쓰레기를 줄여요

우리나라에서만 연간 20억 개 이상의 일회용 생리대 쓰레기가 발생하고 있어요. 태우면 발암물질 다이옥신이 발생하고, 땅에 묻으면 분해되는데 몇 백 년이 걸려요.

Q 생리혈이 새진 않나요?

A 일회용 생리대처럼 샘방지선이나 이중 날개는 없지만, 똑딱단추로 고정된 날개가 있어서 옆으로 새는 걸 막아줘요. 게다가 융의 흡수력은 생각보다 뛰어난 편이에요. 생리혈 양이 가장 많은 둘째 날과 셋째 날엔 안감을 넉넉히 넣고 방수천을 덧댄 생리대를 사용하고, 평소보다 자주 교체하면 좋아요.

Q 냄새가 심하게 나진 않나요?

A 쓰고 난 일회용 생리대에서 나는 비릿한 냄새는 순수한 생리혈 냄새가 아니랍니다. 일회용 생리대에 남아 있는 각종 유해 화학물질과 생리혈이 합쳐져 부패하면서 나는 냄새에요. 순면으로 만든 면생리대는 통기성이 좋아 생리혈을 빨리 증발시켜서 냄새가 훨씬 덜 나지요.

Q 위생적인가요?

A 속옷, 매일 빨아서 다시 입고 있죠? 면생리대는 속옷과 같은 면으로 만들어졌어요. 쓰고 난 다음 깨끗이 빨아서 다시 쓰는 면생리대는 화학물질로 가득한 일회용 생리대보다 훨씬 깨끗하고 안전해요. 헹굼물에 식초를 몇 방울 떨어뜨리거나, 햇볕에 말리면 살균과 소독 효과가 있어요.

Q 접착테이프도 없이 똑딱단추 하나만으로 고정이 되나요?

A 똑딱단추는 크기는 작지만 야무지게 고정돼요. '딸깍'하고 채우면 심하게 움직여도 풀리지 않습니다. 그래도 불안하다면 내몸에 꼭 맞게 슬로 팬티(58p)를 만들어 입거나, 팬티 위에 신축성 좋은 거들을 덧입어보세요.

Q 착용한 게 표시가 나진 않을까요?

A 일회용 생리대 못지않게 면생리대도 얇고 착용감이 좋아서 눈에 띌 염려는 거의 없어요. 몸에 꼭 달라붙는 옷만 피하면 걱정 없어요. 그리고 달라붙는 옷은 통풍이 안돼서 건강에도 안 좋아요. 가급적이면 생리 기간 중엔 통풍이 잘 되는 편한 옷을 입으세요.

Q 외출할 때는 어떻게 사용하나요?

A 면생리대를 잘 접어서 똑딱단추로 채우면 부피가 작아져 휴대하기 편해요. 예쁜 파우치(166p)에 넣어 휴대하면 더욱 좋겠지요. 이때 사용 전 생리대와 사용 후 생리대를 담을 파우치를 각각 준비하세요. 혹시 냄새에 민감하다면, 사용한 생리대는 비닐봉지나 지퍼백에 한 번 더 담아주세요.

Q 얼마나 자주 교체해야 하나요?

A 사람마다 생리혈의 양이나 민감한 정도가 다르므로, 사용하면서 내 몸에 맞는 방법을 찾아가세요. 처음 사용한다면 적응이 필요하므로 일회용 생리대보다 자주 교체하는 게 좋아요. 생리혈 양이 많은 날엔 2~3시간마다, 그 다음날은 3~4시간 간격으로 교체하면 적당해요. 양이 적은 날은 4~5시간 간격으로 교체해도 충분합니다.

Q 처음으로 면생리대를 써보려고 해요. 어떻게 시작해야 좋을까요?

A 양이 적은 날 팬티라이너 용도로 사용할 수 있는 산책 생리대(26p)부터 시작해 보세요. 그리고 차차 사용 횟수를 늘려보세요. 다음 단계로는 생리혈 양이 보통인 날 베이직 생리대(72p)에 얇은 안감을 넣어 사용하는 걸 추천합니다.

Q 면생리대를 착용하고도 자전거를 타거나 운동을 할 수 있나요?

A 생리 기간 중에는 과격한 운동을 피하고 충분히 쉬는 게 좋아요. 부득이하게 자전거를 타거나 운동을 해야 한다면 날개가 넓고 고정이 잘되는 동그라미 생리대(120p)나 방수 기능이 있고 크기가 넉넉한 클린 생리대(80p)를 착용하면 안심할 수 있답니다.

Q 한 번 생리기간 동안 보통 몇 개의 생리대가 필요할까요?

A 사용한 후 바로 세탁해서 다시 쓸 수 있다면 이틀치 분량(8~9개)으로도 충분합니다. 만약 생리기간이 끝난 후 한꺼번에 세탁할 거라면, 하루 4~5개씩 5일 기준으로 20~25개 정도 준비하면 됩니다.

Q 요실금이 있는 우리 할머니께 추천해 드려도 될까요?

A 완경 이후 스트레스로 인한 요실금이 발생할 수 있어요. 기침이나 웃음, 재채기와 운동 등의 자극으로 배출될 수 있는 소변을 흡수하는 용도로 면생리대를 활용하면 좋아요.

Q 산후에도 사용할 수 있나요?

A 유해 자극을 특히 조심해야 하는 출산 후에는 일회용 생리대보다 면생리대 사용을 적극 권장합니다. 주변에 임산부가 있다면 꼭 면생리대를 추천해주세요.

이렇게 보세요

만들기 제목

제품 이미지 컷
& 상세 사진

만들기 준비물 아이콘

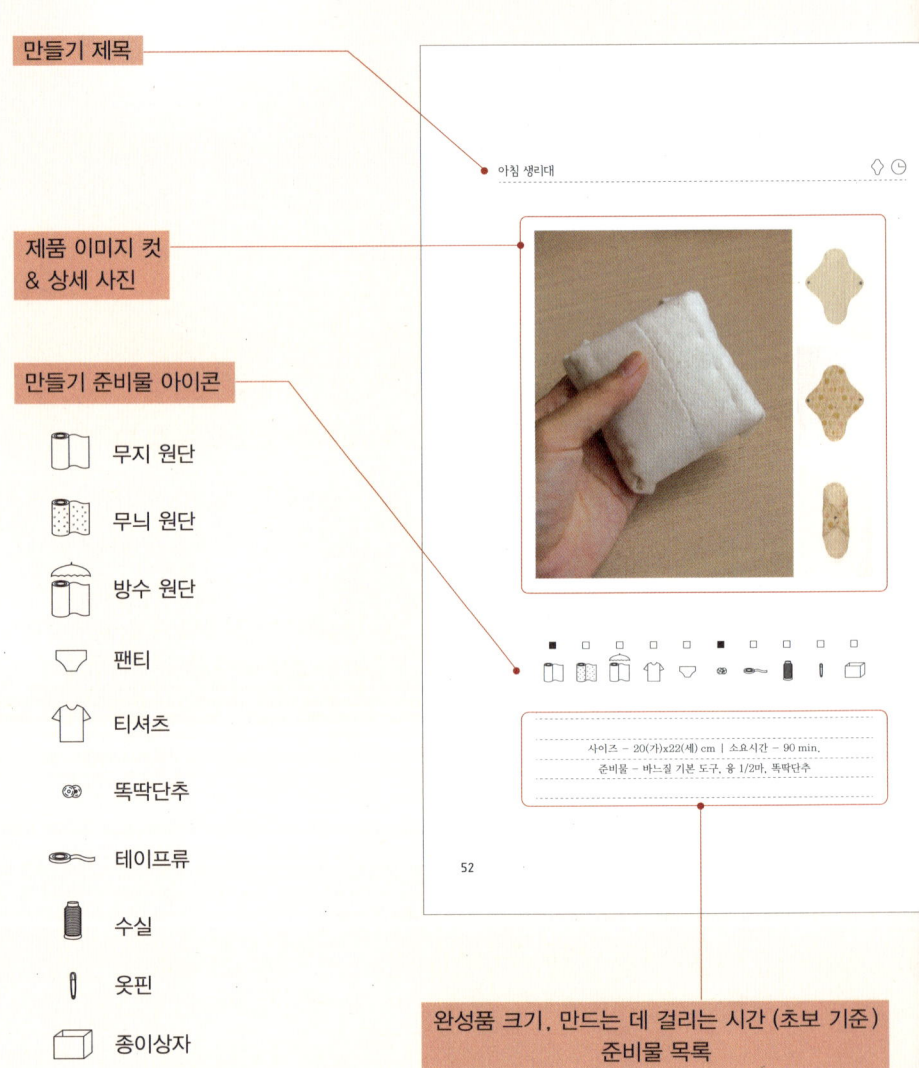

무지 원단

무늬 원단

방수 원단

팬티

티셔츠

똑딱단추

테이프류

수실

옷핀

종이상자

아침 생리대

사이즈 – 20(가)x22(세) cm | 소요시간 – 90 min,
준비물 – 바느질 기본 도구, 융 1/2마, 똑딱단추

52

완성품 크기, 만드는 데 걸리는 시간 (초보 기준)
준비물 목록

HOW TO MAKE 📖 >> ◇

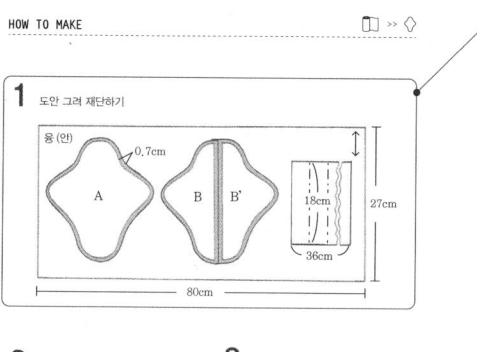

1 도안 그려 재단하기

용 (안)
0.7cm
A
B B'
18cm
36cm
27cm
80cm

2 직선 부분 겹쳐 홈질

홈질
창구멍
B
B'

3 가운데 시접 가름솔

B B'
시접가름솔

① 원단에 본을 대고 도안을 그린 후 시접 0.7cm를 두고 재단가위로 잘라요.
② B와 B'를 겉면끼리 맞대고 가운데 창구멍 7cm를 제외한 직선 부분을 홈질해요.
③ ②를 펼치고 가운데 시접을 가름솔해요.

53

도안과 재단 (천 자르기)
실물본 옮겨 도안 그리기 – 212p 참고
※ 겉표지에 실물본 20가지 수록!

─────────

완성선 : 실물본을 옮겨 그린 선.
재단선 : 가위로 자르는 선.
(모든 '재단하기' 순서에서
 빨강선은 재단선을 나타냅니다.)

▨▨▨▨

시접 :
완성선과 자르는 선 사이.
원단의 종류나 만들 제품에 따라
보통 0.5~1cm 정도의 시접을
사용한다. 주로 0.7cm의 시접을 쓴다.
안감은 시접 없이 완성선을 따라
자르면 된다.

이렇게 보세요

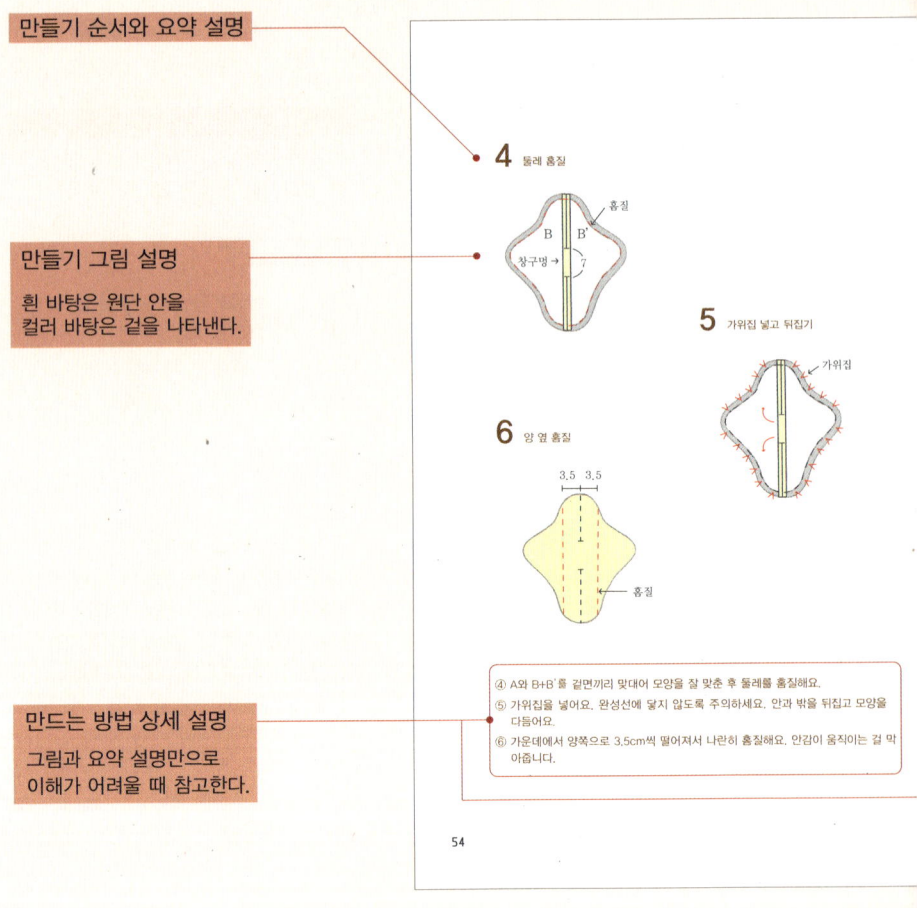

만들기 순서와 요약 설명

만들기 그림 설명

흰 바탕은 원단 안을
컬러 바탕은 겉을 나타낸다.

4 둘레 홈질

홈질

B B'

창구멍 →

5 가위집 넣고 뒤집기

가위집

6 양 옆 홈질

3.5 3.5

홈질

④ A와 B+B'를 겉면끼리 맞대어 모양을 잘 맞춘 후 둘레를 홈질해요.
⑤ 가위집을 넣어요. 완성선에 닿지 않도록 주의하세요. 안과 밖을 뒤집고 모양을
   다듬어요.
⑥ 가운데에서 양쪽으로 3.5cm씩 떨어져서 나란히 홈질해요. 안감이 움직이는 걸 막
   아줍니다.

만드는 방법 상세 설명

그림과 요약 설명만으로
이해가 어려울 때 참고한다.

54

용어정리   가름솔 : 두 원단을 이은 후 남은 시접을 양옆으로 벌려 정리해 주는 것.
           창구멍 : 바느질한 후 뒤집기 위해 시접이 안으로 들어가도록 남겨둔
                   부분. 뒤집은 후 공그르기로 막는다.

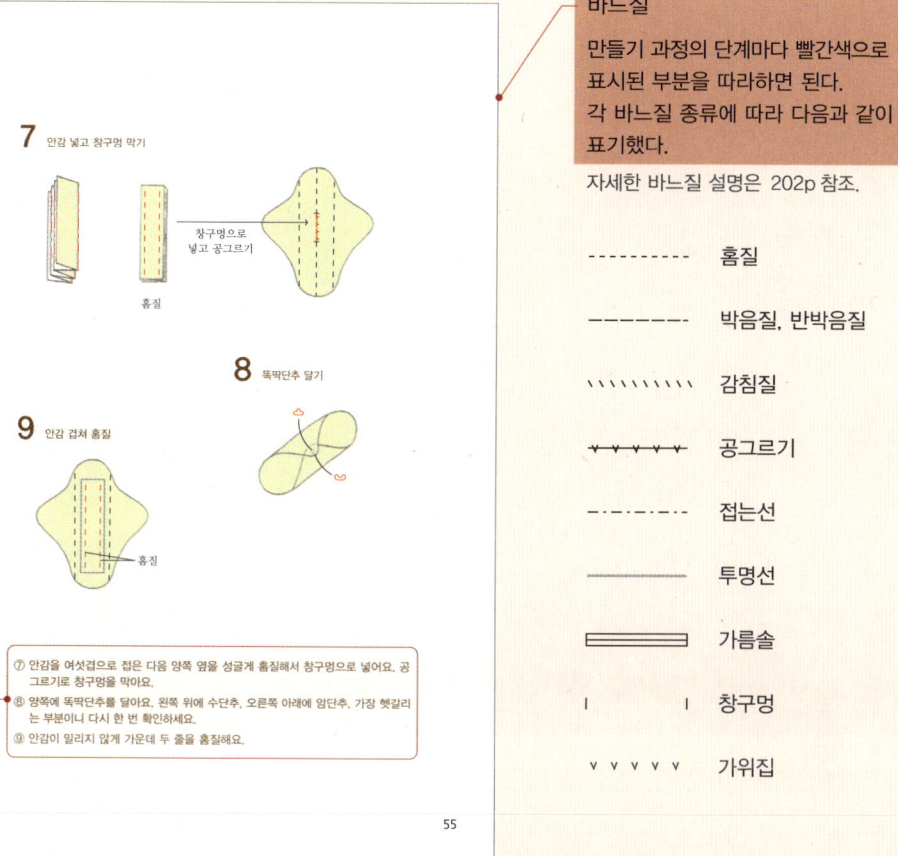

바느질

만들기 과정의 단계마다 빨간색으로
표시된 부분을 따라하면 된다.
각 바느질 종류에 따라 다음과 같이
표기했다.

자세한 바느질 설명은 202p 참조.

---------- 홈질

──────── 박음질, 반박음질

\\\\\\\\ 감침질

┬┬┬┬┬ 공그르기

─·─·─·─ 접는선

──────── 투명선

▭▭▭ 가름솔

I   I 창구멍

∨∨∨∨∨ 가위집

가위집 : 안과 겉을 뒤집을 때 곡선 부분을 부드럽게 하기 위해 시접 부분을
잘라내는 것. 자를 때 완성선까지 자르지 않도록 주의한다.

23

1장
첫 만남

1 >
보송보송 가뿐한
산책 생리대

2 >
손쉽게 만들어요
미니 생리대

3 >
낡은 티셔츠의 변신
면티셔츠 생리대

4 >
시작을 함께 할
아침 생리대

5 >
소박한 초대
슬로 팬티

1 > 보송보송 가뿐한 산책 생리대

혹시 새지는 않을까?

테이프로 고정도 안 되는데, 안에서 움직이면 어떡하지……

교체한 다음 어떻게 보관하지?

가방 안에서 냄새 나는 거 아니야?

면생리대를 사용하려는 사람들이 한번쯤 해봤을 고민일 거예요. 이렇게 면생리대를 쓰는 일은 무척 번거롭게 느껴질 수 있어요. 만드는 시간도 오래 걸리고, 사용법도 어려워 보이죠.

그렇다면 가볍게 팬티라이너부터 바꿔보면 어떨까요? 두께가 얇아 착용감이 좋고, 생리혈이 샐 염려도 없어요. 사용 후 세탁하는 방법도 그리 어렵지 않지요. 부담 없이 면생리대를 체험하면서 점점 적응해갈 수 있어요.

홑겹이어서 얇고 간편한 산책 생리대는 생리대 없이 속옷만 입은 것 같은 느낌이 들어 편안해요. 피부와 닿는 면의 감촉이 부드럽고 화학물질로 인한 트러블이 없어서 일회용 팬티라이너를 쓸 때보다 더 오래 사용해도 괜찮아요. 생리가 끝나갈 즈음엔 하루 2~3개로도 충분하답니다.

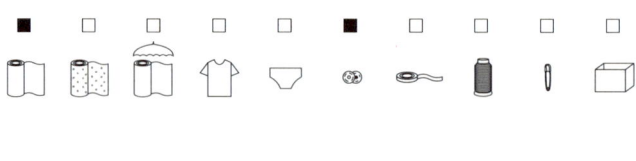

사이즈 : 19(가)x17(세)cm | 소요시간 : 60 min.

준비물 : 바느질 기본 도구, 융 1/4마 , 똑딱단추

1 도안 그려 재단하기

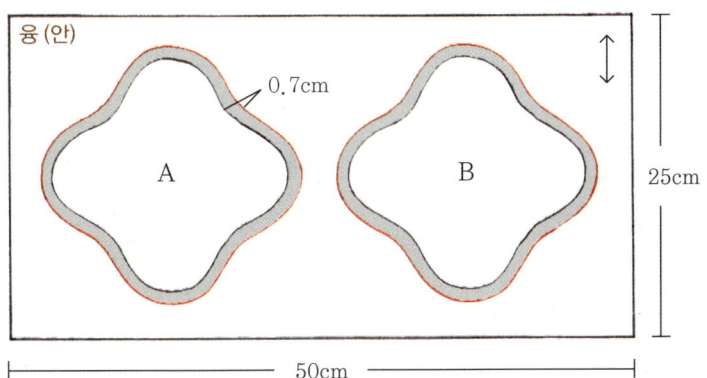

융 (안)

0.7cm

A

B

25cm

50cm

2 둘레 홈질

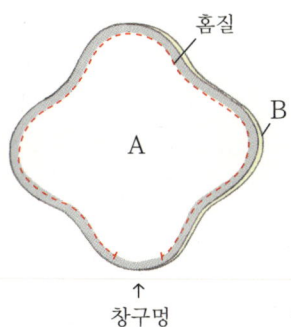

홈질

A

B

↑
창구멍

① 원단에 본을 대고 도안을 그린 후 시접 0.7cm를 두고 재단가위로 잘라요.

② A와 B를 겉면끼리 맞대어 창구멍을 5cm 정도 남기고 둘레를 따라 홈질해요.

3 가위집 넣고 뒤집기

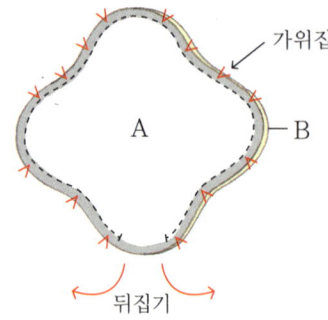

가위집

A

B

뒤집기

4 창구멍 공그르기

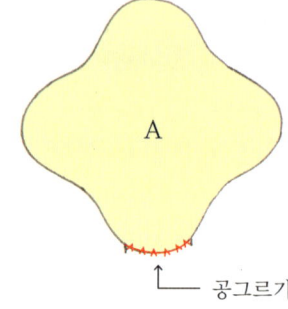

A

공그르기

5 둘레 홈질

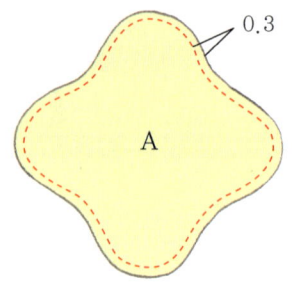

0.3

A

③ 곡선 부분에 2cm 간격으로 완성선에서 0.3cm 앞까지 가위집을 넣어요.

④ 창구멍으로 뒤집어 안쪽 시접이 한 곳으로 몰리지 않도록 모양을 잘 잡고 공그르기
  로 창구멍을 막아요.

⑤ 0.3cm 안으로 들어가 둘레를 따라 홈질해요.

6 똑딱단추 달기

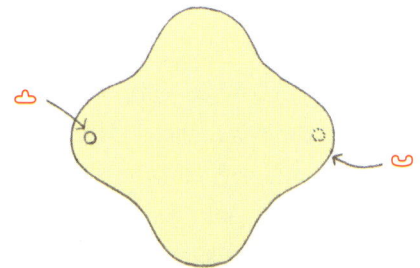

⑥ 양쪽에 똑딱단추를 달아요.

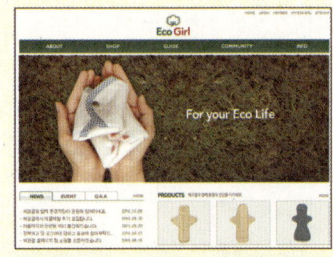

사용해보니 이런 점이 좋아요

"일회용 생리대를 쓸 때는 생리통도 심했고, 자주 짓무르고 가려웠어요. 생리 때마다 왜 이렇게 고생을 해야 하나 스트레스도 많이 받았죠. 언니가 면생리대를 추천해줘서 써봤는데, 확실히 생리통이 줄어들었어요. 전엔 너무 아파서 아무 것도 못 할 정도였는데, 요즘은 가뿐해요. 그리고 일회용 생리대를 오래 하고 있으면 몸에 닿는 비닐이 버석거리고 배겨서 찜찜했거든요. 면생리대는 그런 느낌이 없으니까 오랫동안 착용하고 있어도 편해요. 부드러운 느낌이 정말 좋아요."
_클라라, 28세, 회사원

"자취하는 형편이라 매달 생리대 구입비가 부담됐는데, 면생리대 덕분에 지출이 확 줄었어요. 계산해보니까 일회용 생리대 구입비가 1년에 15만 원이더라고요. 저는 생리혈 양이 많고 생리기간도 긴 편이라서 하루에 많게는 6~7개까지도 썼거든요. 비용절감! 게다가 몸에 좋고 지구에도 좋잖아요."
_닐루, 23세, 학생

"만드는 데 시간은 좀 걸려요. 하나 만드는 데 2시간 정도? 그래서 TV 볼 때 틈틈이 만들죠. 제가 쓸 거 말고도 친구들 선물용으로 많이 만들어요. 직접 만들어서 선물하니까 저도 뿌듯하고 받는 친구들이 참 좋아하더라고요. 선물하면서 어떻게 좋은지 얼마나 좋은지 설명해줘요. 저처럼 제 친구들도 면생리대를 더 많이 사용하면 좋겠어요."
_엘리, 21세, 학생

"쓰고 난 걸 빠는 게 문제였는데, 지금은 익숙해졌어요. 세숫물 모은 바가지에 사용한 생리대들을 담가두고 몇 시간 뒤 비누칠했다가, 다음 세수할 때 쓱쓱 빨면 얼룩도 잘 빠져요. 처음엔 새빨간 핏물이 무서웠는데, 내 몸 속 아기집을 채워주고 있던 거라고 생각하니 신기하더라구요. 내 몸이랑 더 친해진 느낌이 들어요."

_초록바람, 33세, 회사원

"관심은 있었는데 막상 쓰려니 엄두가 잘 안 났어요. 마침 면생리대 만들기 강좌가 있길래 가봤어요. 꼬물꼬물 바느질하면서 강사님의 설명을 들었죠. 일회용 생리대가 얼마나 위험한지, 왜 면생리대를 써야 하는지, 그때 확실히 배웠어요. 일회용 생리대가 분해되려면 백 년도 훨씬 넘게 걸린대요. 그날로 곧장 일회용 생리대를 다 치웠어요. 오늘도 나무를 아꼈구나, 그리고 이만큼 쓰레기를 줄였구나 생각하면 뿌듯해요."

_솔잎, 38세, 주부

"아이에게 아토피가 있어서 환경호르몬이나 화학물질에 매우 민감한 편이에요. 생협 모임에서 면생리대를 선물로 받아서 5년 전부터 써오고 있는데, 요즘엔 제가 직접 만들어서 쓰고 주변에 선물도 해요. 얼마 전에는 아이들 선생님께 선물해드렸어요. 천연염색 원단을 구해 정성껏 만들어 드렸더니 정말 좋아하시더라고요. 소중한 분을 위한 특별한 선물로도 제격이에요."

_민아맘, 42세, 주부

2 > 손쉽게 만들어요

미니 생리대

숲이 타고 있었습니다.

숲 속의 동물들은 앞을 다투며 도망을 갔습니다.

하지만 크리킨디란 이름의 벌새는 왔다갔다하며

작은 주둥이로 물고 온 단 한 방울의 물로 불을 끄느라 분주했습니다.

다른 동물들은 이런 그의 모습을 보고

"저런다고 무슨 소용이 있어."

라며 비웃었습니다.

크리킨디는 대답했습니다.

"나는 내가 할 수 있는 일을 할 뿐이야."

출처 : 나무늘보클럽 (The Sloth Club)

한 해 동안 우리나라에서 20억 개 이상의 일회용 생리대가 버려집니다. 이것을 늘어놓으면 지구를 반 바퀴 돌 수 있습니다. (생리대 길이 25cm 기준, 지구 둘레 약 40,000km)
환경을 생각한다면 당장 일회용 생리대 사용을 금지하고 모두 면생리대를 사용해야 하겠지만, 현실적으로 어려운 일이겠지요. 때로는 나 하나의 실천이 보잘 것 없는 것 같지만, 그런 생각이 들 때마다 벌새 크리킨디를 떠올려봅니다.

미니 생리대는 생리혈이 적은 날 적합한 소형 생리대입니다. 만약 타올지를 구하기 어렵다면 쓰지 않는 수건을 잘라 쓰거나, 융이나 면으로 만들어도 좋답니다.

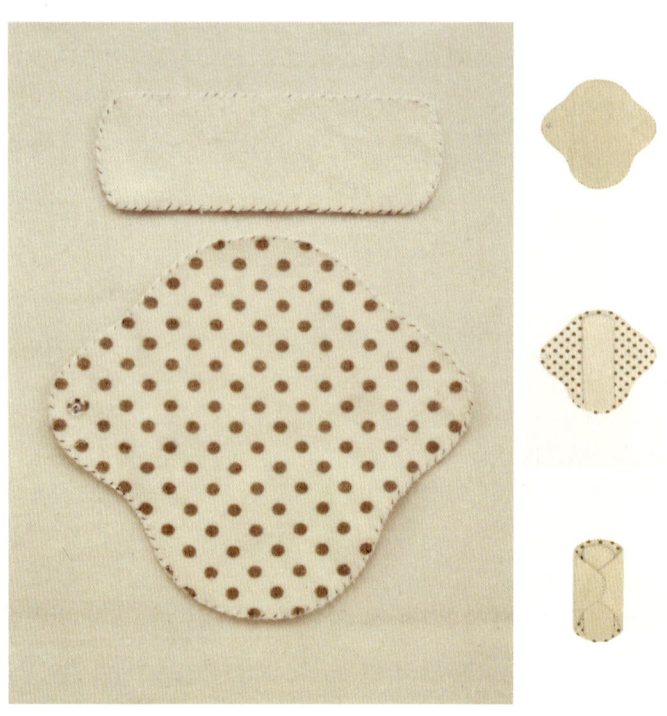

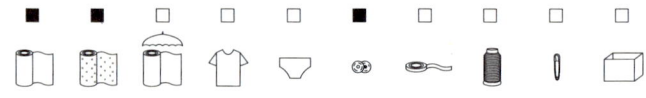

사이즈 : 19(가)x17(세)cm | 소요시간 : 60 min.

준비물 : 바느질 기본 도구, 무지타올지 1/4마 , 무늬타올지 1/4마, 똑딱단추

1 도안 그려 재단하기

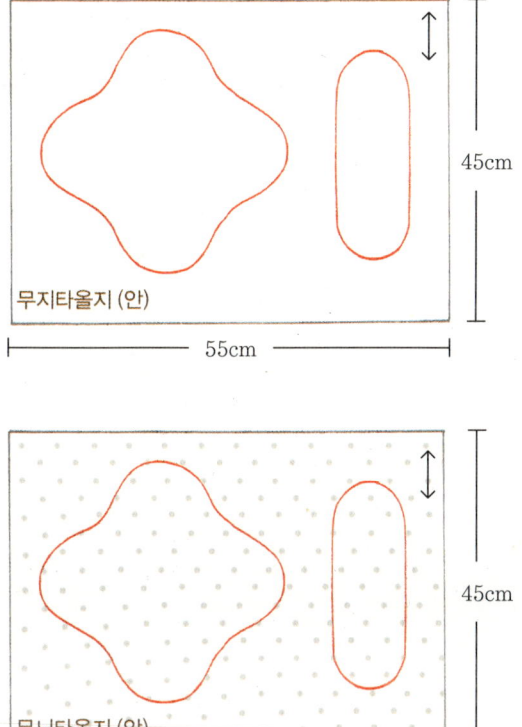

① 원단에 본을 대고 도안을 그린 후 시접 없이 재단가위로 잘라요.

2 겹쳐 고정하기

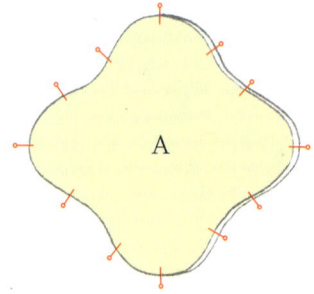

3 둘레 감침질

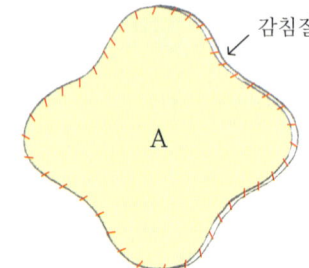

감침질

4 안감 감침질

감침질

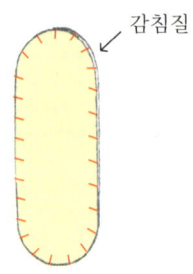

② A와 B를 안쪽 면끼리 맞대어 시침핀으로 고정해요.

③ 둘레를 따라 감침질해요. 오버로크하거나 재봉틀로 지그재그로 박아서 올이 풀리지
않게 해도 돼요.

④ 안감도 두 장을 안쪽 면끼리 맞댄 다음 둘레를 따라 감침질해요.

5 똑딱단추 달기

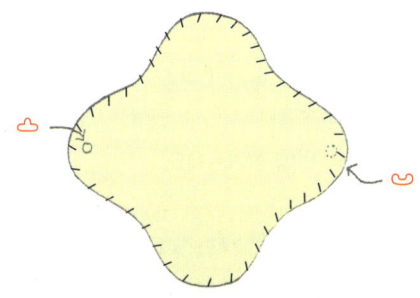

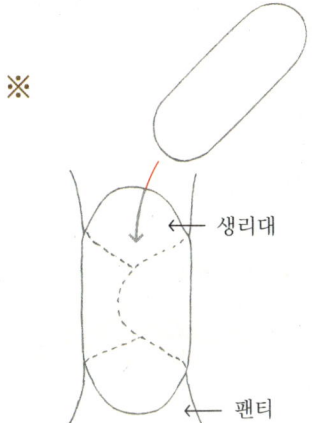

※

← 생리대

← 팬티

⑤ 양쪽에 똑딱단추를 달아요. 왼쪽 위에 수단추, 오른쪽 아래에 암단추. 가장 헷갈리
　는 부분이니 다시 한 번 확인하세요.
　※ 생리대와 팬티 사이에 안감을 넣어요.

크기별 사용 안내

1) 생리 시작 전 : 갑자기 생리혈이 나와 당황했던 경험이 있을 거에요. 내 몸의 생리주기를 잘 알아둔다면, 갑작스러운 생리에도 잘 대처할 수 있어요. 그날이 다가올 땐 미리 <u>소형 생리대</u>를 착용하거나 가방 안에 챙겨두세요.

2) 생리 첫 날 : 생리혈 양이 점점 늘어나는 생리 첫날에는 필요한 만큼 안감을 바꾸어 넣을 수 있는 <u>소형, 중형 생리대</u>가 좋아요. 생리혈 양이 많으면 안감 2~3겹을 넣고, 적으면 1~2겹으로도 충분해요.

3) 둘째 날 : 보통 생리혈 양이 가장 많은 둘째 날에는 <u>중형, 대형 생리대</u>를 착용하고 여분의 생리대를 넉넉하게 챙기세요. 옷에 묻어나진 않을까 고민된다면 방수천을 덧댄 생리대에 안감을 넉넉히 넣어서 사용하세요.

4) 셋째, 넷째 날 : 생리혈 양은 줄었지만 그래도 안심할 수 없는 셋째 날에는 <u>중형 생리대</u>를 추천합니다. 생리혈 양이 줄어들면 간편하게 <u>소형 생리대</u>를 사용하세요. 안감이 따로 분리되지 않는 일체형 생리대는 착용과 세탁이 좀 더 쉬워요.

* 오른쪽 표는 핸드메이드 생리대를 크기별로 살펴볼 수 있도록 정리한 표입니다.
  필요에 맞게 찾아 사용해보세요. (가로x세로, 단위:cm)

소형

산책 생리대
26p (19x17)

미니 생리대
34p (19x17)

동그라미 생리대
120p (지름 19)

느림 생리대
136p (21x23)

중형

아침 생리대
50p (20x22)

느림 생리대
136p (21x23)

땅콩 생리대
96p (20x25)

날개활짝 생리대
110p (20x25)

모자쓴 생리대
128p (20x25)

면티셔츠 생리대
42p (20x27)

베이직 생리대
72p (20x27)

대형

클린 생리대
80p (19x28)

좋은꿈 생리대
88p (20x35)

41

3 > 낡은 티셔츠의 변신 면티셔츠 생리대

바느질에 익숙하지 않은 분이라면 따로 원단을 구입하는 것도 어려운 일일 거예요. 안 입는 티셔츠로 만드는 면생리대를 눈여겨 봐주세요. 낡아서 늘어났거나, 유행이 지났거나, 내 몸에 안 맞는 티셔츠가 예쁜 면생리대로 다시 태어납니다.

생리혈 양이 많은 편이라면 처음 만들 때부터 티셔츠를 여러 겹 겹쳐서 두툼하게 만들거나, 아니면 일단 두 겹으로 만든 다음 생리대와 팬티 사이에 안감을 더 넣어서 사용해도 좋아요. 이때 안감은 따로 고정하지 않아도 잘 움직이지 않아요. 티셔츠 말고도 내복, 메리야스 등 다양한 면 제품을 생리대 재료로 재활용할 수 있어요.

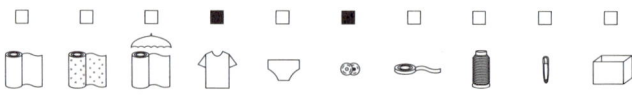

사이즈 : 20(가)x27(세)cm | 소요시간 : 90 min.

준비물 : 바느질 기본 도구, 면티셔츠 1장, 똑딱단추

1 도안 그려 재단하기

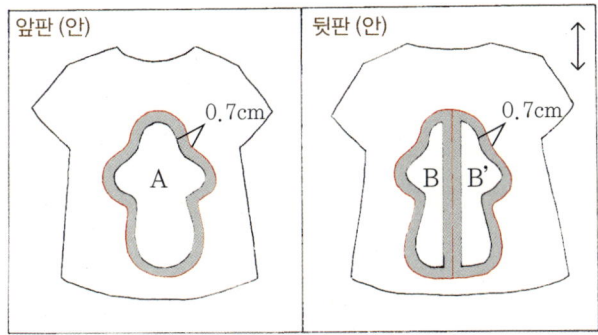

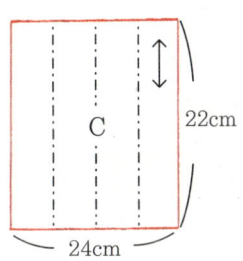

① 티셔츠에 본을 대고 도안을 그린 후 시접 0.7cm를 두고 재단가위로 잘라요.
  (안감은 티셔츠의 남은 부분을 활용해 시접 없이 재단합니다.)

2 직선 부분 접어 홈질

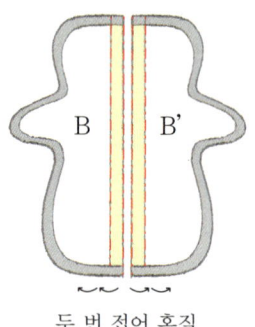

두 번 접어 홈질

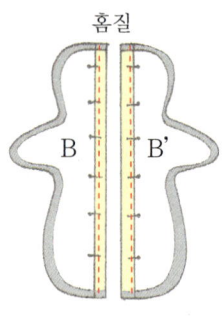

홈질

3 모양 잡아 고정하기

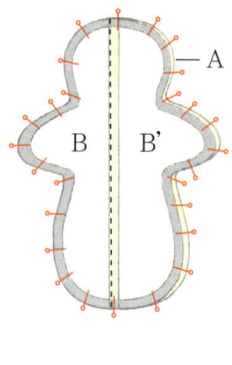

A

B   B'

4 둘레 홈질

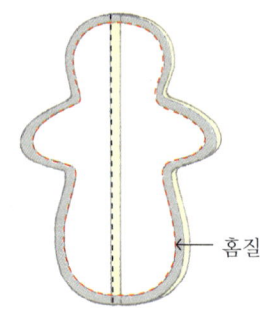

홈질

② B와 B'의 직선 부분을 1cm 너비로 두 번 접은 다음 0.7cm 들어가 홈질해요.

③ A와 B와 B' 3장을 겉면끼리 맞닿게 모양을 잘 맞춰 포개고 시침핀으로 고정해요.

④ 둘레를 따라 홈질해요.

5 가위집 넣고 뒤집기

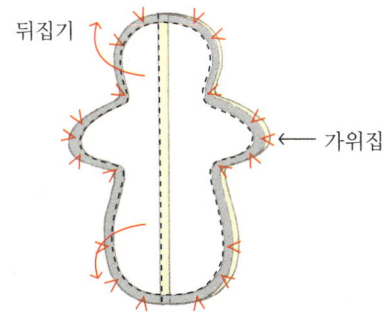

뒤집기

가위집

6 양 옆 홈질

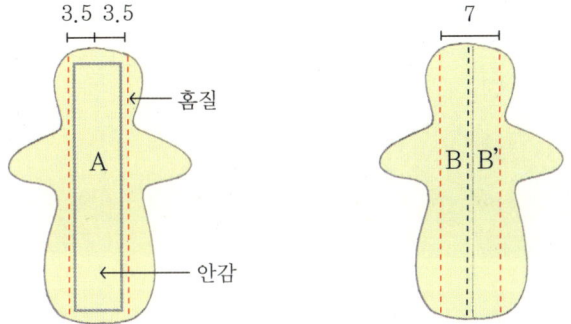

3.5 3.5

홈질

A

안감

7

B B'

⑤ 가위집을 넣어요. 완성선에 닿지 않도록 주의하세요. 가운데 벌어진 부분으로 뒤
   집고 모양을 다듬어요.

⑥ 가운데에서 양쪽으로 3.5cm 떨어져서 나란히 홈질해요.

7 똑딱단추 달기

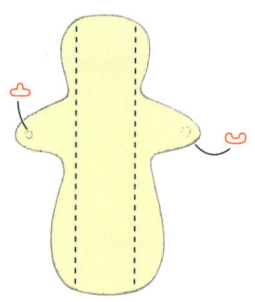

8 안감 만들어 넣기

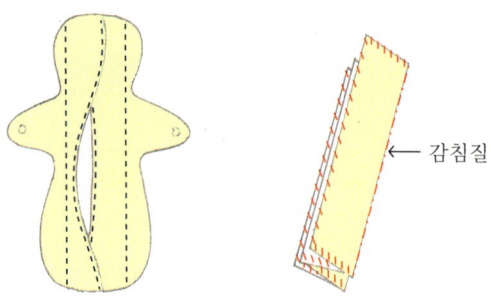

감침질

⑦ 양쪽에 똑딱단추를 달아요. 왼쪽 위에 수단추, 오른쪽 아래에 암단추. 가장 헷갈리
　는 부분이니 다시 한 번 확인하세요.

⑧ 안감은 올이 풀리지 않게 빙둘러 감침질한 다음 네 겹 접어서 사용합니다.

다양한 천 재활용법

기저귀천

융이나 타올지처럼 흡수력이 뛰어
나진 않지만 착용감이 부드럽고 쉽
게 구할 수 있다.

순면 내복

도톰한 내복 원단은 취침용이나 대
형 생리대를 만들 때 더욱 좋다.
'빨간 내복'처럼 색이나 무늬가 있
는 원단은 피부와 맞닿는 안쪽 면을
피해 사용하는 게 좋다.

메리야스

메리야스 천은 얇지만 흡수력이 뛰
어나고 부드러워 팬티라이너용으로
알맞다. 여러 겹을 겹쳐 도톰하게 해
서 소형 생리대로 만들어도 좋다.

타올형 면 행주

촘촘해서 흡수력이 좋은 행주는 취
침용 생리대나 대형 생리대의 안감
으로 쓰기 적당하다. 만들기 전 소독
과 살균은 필수!

면티셔츠

폴리에스테르 등 화학섬유가 섞인
면은 좋지 않고, 순면 소재여야 한
다. 티셔츠 안쪽 세탁표를 반드시 확
인한 후 사용하자.

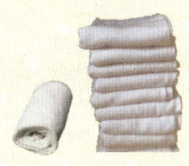

4 > 시작을 함께 할 아침 생리대

생리의 옛말은 '달거리'입니다. 그래서 예로부터 생리대를 '달거리대', '달거리포', 혹은 '개짐'이라고 했어요. 한자로는 '洗踏(세답)'이라 썼고 서답이라고 불렀지요. '서답'은 빨래를 뜻하는 충북, 경상, 제주 지방의 방언이에요. 그래서 제주에서는 아직도 빨랫줄을 '서답배'라고 부른답니다.

옛사람들은 개짐을 주로 광목천으로 만들었어요. 어머니가 광목천을 준비해두었다가, 딸이 초경을 맞으면 건네주었다고 합니다. 그렇게 어머니에게 직접 받은 개짐을 헤질 때까지 사용했다고 해요. 매달 개짐을 빨면서 몸의 소중함을 느꼈을 거예요.

아침 생리대는 만들기도 쉽고 사용하기도 편안한 소형 생리대입니다. 평소 생리혈 양에 따라 안감의 두께를 조절해서 넣으면 좋아요. 여기에서는 안감을 여섯 겹으로 겹쳐서 도톰하게 만들었어요. 평소 생리혈 양이 많지 않다면 네 겹, 간편하게 착용하고 싶다면 두 겹만 겹쳐 넣어도 충분하답니다.

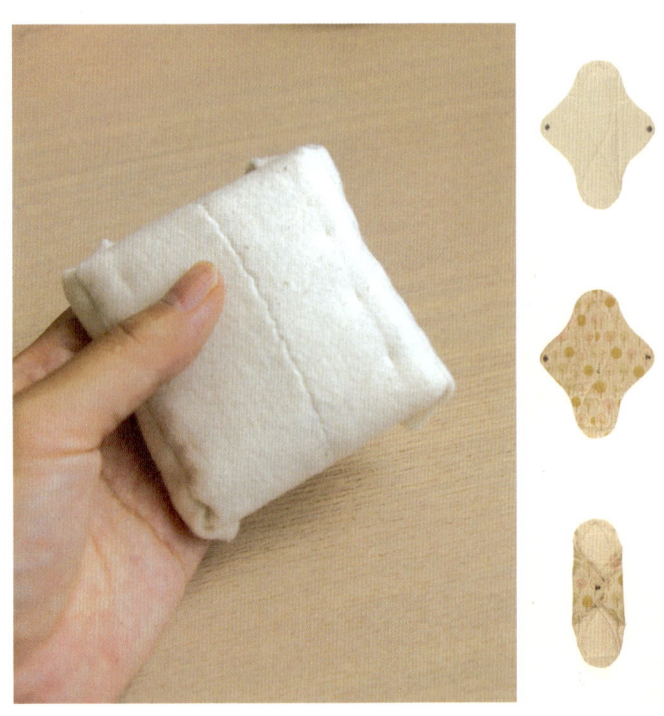

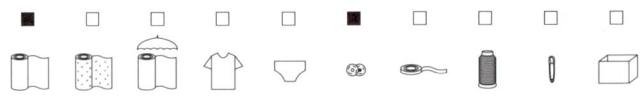

사이즈 : 20(가)x22(세)cm | 소요시간 : 90 min.

준비물 : 바느질 기본 도구, 융 1/2마, 똑딱단추

1 도안 그려 재단하기

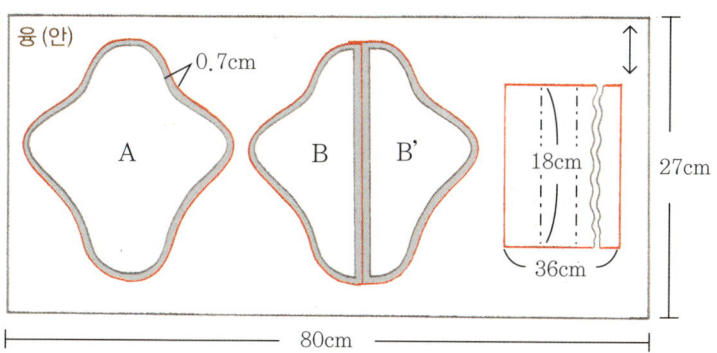

2 직선 부분 겹쳐 홈질

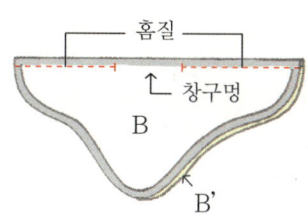

3 시접 가름솔

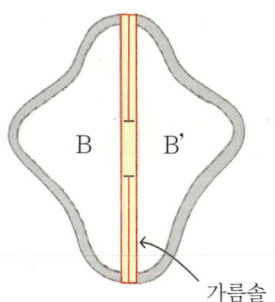

① 원단에 본을 대고 도안을 그린 후 시접 0.7cm를 두고 재단가위로 잘라요.

② B와 B'를 겉면끼리 맞대고 가운데 창구멍 7cm를 제외한 직선 부분을 홈질해요.

③ ②를 펼치고 가운데 시접을 가름솔해요.

4 둘레 홈질

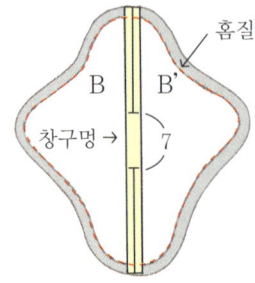

6 양 옆 홈질

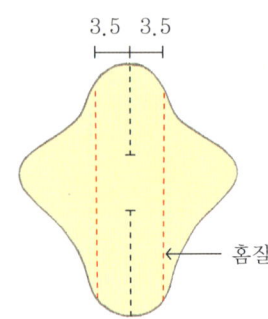

5 가위집 넣고 뒤집기

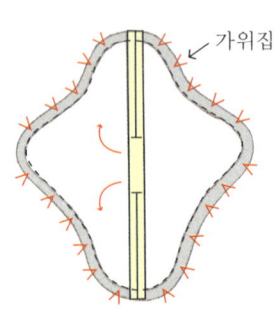

④ A와 B+B'를 겉면끼리 맞대어 모양을 잘 맞춘 후 둘레를 홈질해요.

⑤ 가위집을 넣어요. 완성선에 닿지 않도록 주의하세요. 안과 밖을 뒤집고 모양을 다듬어요.

⑥ 가운데에서 양쪽으로 3.5cm씩 떨어져서 나란히 홈질해요. 안감이 움직이는 걸 막 아줍니다.

7 안감 넣고 창구멍 막기

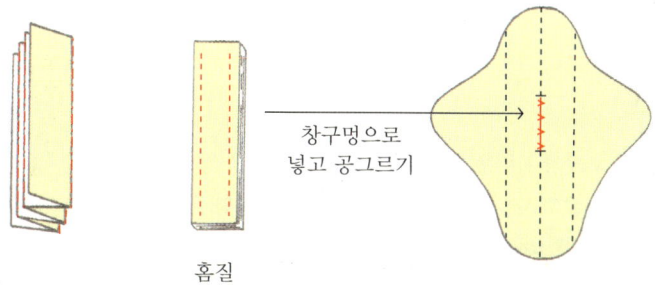

창구멍으로
넣고 공그르기

홈질

9 안감 겹쳐 홈질

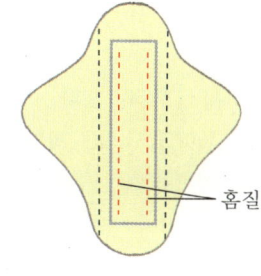

홈질

8 똑딱단추 달기

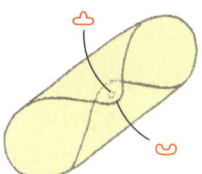

⑦ 안감을 여섯 겹으로 접은 다음 양쪽 옆을 성글게 홈질해서 창구멍으로 넣어요. 공
  그르기로 창구멍을 막아요.

⑧ 양쪽에 똑딱단추를 달아요. 왼쪽 위에 수단추, 오른쪽 아래에 암단추. 가장 헷갈리
  는 부분이니 다시 한 번 확인하세요.

⑨ 안감이 밀리지 않게 가운데 두 줄을 홈질해요.

tip!!
세탁법&보관법

세탁법

1) 생리대 세탁의 기본은 차가운 물에 생리혈을 빼는 것. 생리혈의 단백질 성분이 응고되면 잘 빠지지 않기 때문에 뜨거운 물은 절대 금지! 반드시 차가운 물을 이용해 생리혈을 빼내도록 한다.

2) 얼룩에 비누칠을 한다. 속옷 전용 세제를 쓰면 더욱 좋다. 비누칠 후 생리대가 잠길 만큼의 물에 담가 서너 시간 두거나, 검은 비닐봉지에 담아 햇볕 잘 드는 곳에 하루 정도 둔다. 얼룩이 덜 빠졌을 경우 한 번 더 반복한다. 모아두었다가 한꺼번에 세탁기에 돌려도 된다.

3) 비누 성분이 남지 않도록 깔끔하게 헹군다. 마지막 헹굼물에 식초를 몇 방울 떨어뜨리면 소독 효과가 있다.

4) 습기가 많으면 세균이 남아 번식할 수 있으므로 반드시 잘 말려야 한다.
 * 세탁용 세제나 비누는 표백제와 합성 계면활성제가 들어 있지 않은 제품을 사용하도록 한다.

1) 생리대를 삶으면 냄새와 세균을 확실히 없앨 수 있다. 삶기 전 비누칠을 하거나 삶을 때 안 쓰는 비누조각을 넣어 함께 삶으면 좋다. 생리대가 충분히 잠길 만큼 물을 넣고 5분 가량 삶는다.

2) 직사광선에 말리면 다시 한 번 소독하고 살균하는 효과가 있다. 보송보송 깔끔한 느낌을 주어 착용감이 더욱 좋아지고, 생리대의 수명도 길어진다.

3) 잘 마른 생리대를 손으로 모양을 잘 잡은 다음 차곡차곡 접어둔다. 다림질을 하면 모양이 잘 유지되고 살균 효과가 있어 더욱 좋다.

4) 생리대 전용 보관함을 만들어 습하지 않은 곳에 따로 보관하면 더욱 좋다.

5 > 슬로 팬티 — 소박한 초대

일회용 생리대는 깔끔함과 자신감을 강조하면서 생리를 극복하고 뛰어넘어야 할 불편한 대상으로 규정하지요. 뿐만 아니라 감추어야 하는 은밀한 것으로 그려냅니다. 불편하고 번거롭고 짜증나는 생리, 과연 여성이 평생 짊어져야만 하는 무거운 멍에일까요?
조금만 생각해보면 이러한 관점에 문제가 있다는 걸 알게 됩니다. 생리는 자연스러운 현상이자, 여자라면 누구나 겪는 일상적인 일입니다.

슬로 팬티는 움직임이 많은 날에도 편안하게 착용할 수 있어 좋아요. 평소 입던 팬티에 고무줄을 달아 그 사이에 안감을 끼워 넣어 사용하는 방법, 그리고 내 몸을 편안하게 감싸주는 팬티 만드는 법을 소개합니다. 엉덩이 둘레 88cm, 66사이즈를 기준으로 했어요. 각자 신체 사이즈에 맞춰 엉덩이 둘레를 조절하세요. 55사이즈의 경우 실물본의 옆선을 1cm씩 줄이고, 77사이즈의 경우 1cm씩 늘리면 된답니다.

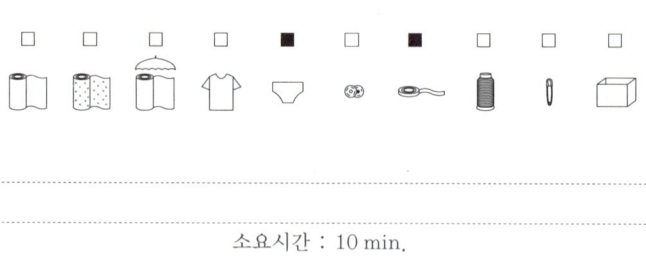

소요시간 : 10 min.

준비물 : 바느질 기본 도구, 삼각팬티, 고무줄 25cm (0.5cm 폭)

1 고무줄 고정하기

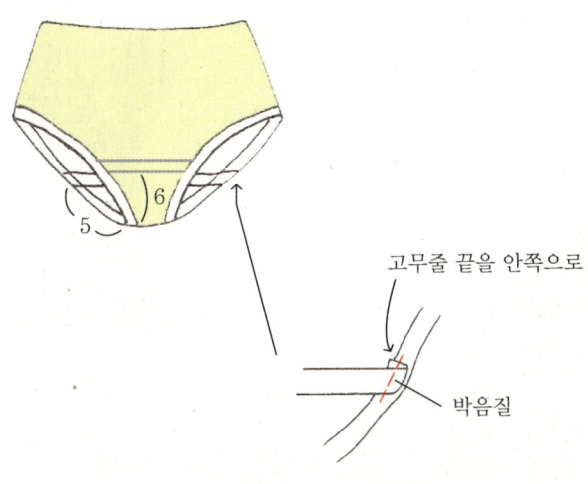

고무줄 끝을 안쪽으로

박음질

① 팬티 맨 아래점에서 앞으로 6cm 올라간 곳, 뒤로 5cm 올라간 곳에 팬티 폭보다 2cm 정도 짧게 자른 고무줄을 대고 박음질로 양쪽 끝을 단단히 고정하세요.

※ 수건이나 자투리천, 면티셔츠 등으로 안감을 만들고 고무줄 사이로 끼워 넣어 사용하세요.

사이즈 : 22(허리단면)x24(밑위)cm (엉덩이 둘레 88cm 기준)

소요시간 : 90 min.

준비물 : 바느질 기본 도구, 면 메리야스지 1마

고무줄 170cm (0.5cm 폭), 옷핀

1 도안 그려 재단하기

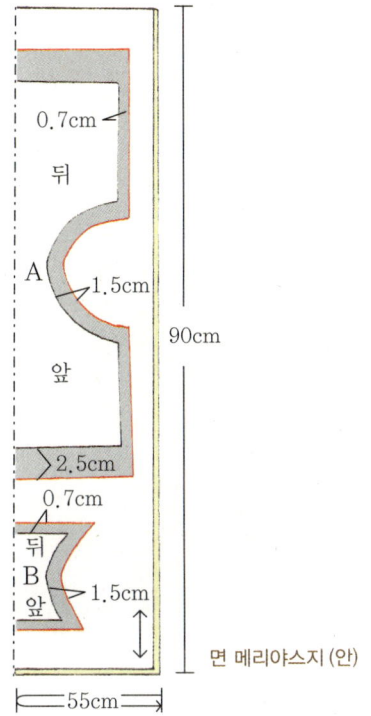

0.7cm

뒤

A 1.5cm

앞

2.5cm

0.7cm

뒤
B
앞 1.5cm

90cm

면 메리야스지 (안)

55cm

① 원단에 본을 대고 도안을 그린 후 시접(각각 0.7cm, 1.5cm, 2.5cm)을 두고 재단 가위로 잘라요.

2 A,B 고정하기

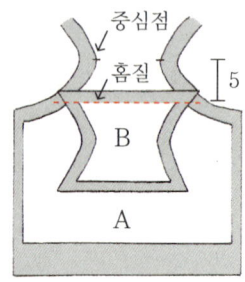

중심점
홈질
5
B
A

3 B 뒤집어 고정하기

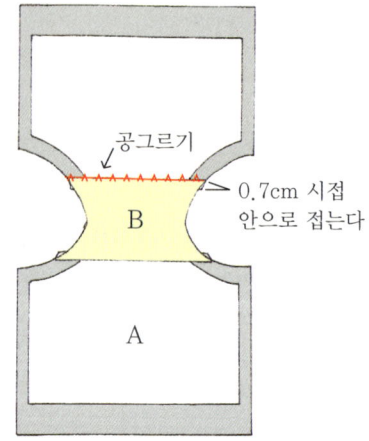

공그르기
0.7cm 시접
안으로 접는다
B
A

② A 중심점에서 5cm 아래에 B를 안쪽이 위로 오도록 두고 그림과 같이 홈질해요.

③ B를 겉면이 보이도록 뒤집고 반대쪽 시접을 접어 공그르기로 A에 고정해요.

4 옆선 홈질

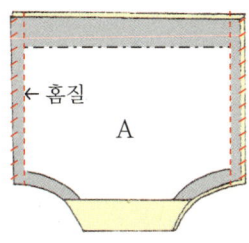

← 홈질

A

5 감침질하고 뒤집기

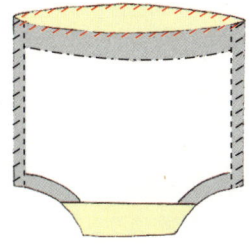

6 허릿단 홈질

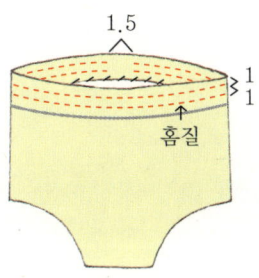

1.5

1
1

홈질

④ A를 겉면끼리 맞대어 접은 후 홈질하고 시접을 감침질이나 오버로크해요. 시접은
   팬티 뒤쪽으로 꺾어요.

⑤ ④의 허릿단을 빙 둘러 감침질이나 오버로크한 후 뒤집어요.

⑥ 허릿단 2.5cm를 안쪽으로 접어 고무줄 넣을 공간을 1.5cm 남기고 너비 1cm 간
   격으로 두 줄 홈질해요.

7 다리 구멍 홈질

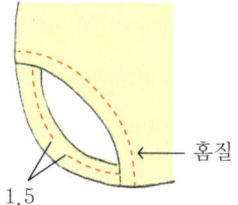

1.5

← 홈질

8 허릿단 고무줄 끼우기

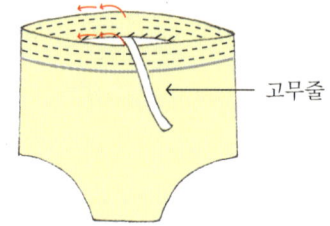

← 고무줄

9 고무줄 끝 마무리

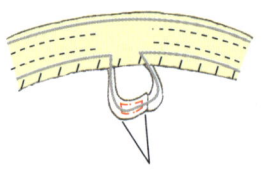

2cm 겹쳐서 박음질

⑦ 다리 들어갈 부분을 1.5cm 안으로 접어 고무줄 넣을 공간을 1.5cm 남기고 빙 둘러 홈질해요. 끝이 풀어지는 원단일 경우 감침질이나 오버로크한 다음 홈질해요.

⑧ 고무줄을 50cm 길이로 두 줄 자른 다음 허릿단의 고무줄 공간으로 옷핀에 걸어서 끼워넣어요.

⑨ 고무줄 양 끝을 2cm 정도 겹쳐 박음질로 단단하게 고정해요.

10 다리 구멍 고무줄 끼우기

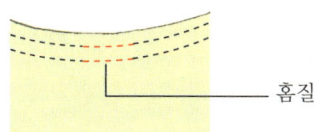

홈질

⑩ 고무줄을 35cm 길이로 두 줄 자른 다음 다리 들어갈 부분에 각각 넣어서 마무리
해요. 구멍을 홈질해서 막으면 완성돼요.

MINI tip!!

키퍼 Keeper

고무나무에서 추출한 원료로 만든
천연고무 생리대. 작은 깔대기 모양
의 컵을 질 안으로 넣어 생리혈을
받아낸다.

해면 Sea Sponge

조직이 스펀지와 같아 부드러우면
서 흡수력이 좋다. 실을 단 해면에
물을 흠뻑 적셨다가 물기를 꼭 짠
후 질 안으로 넣는다.

슬로 라이프 : 생명의 속도로 살기

세상에는 참으로 다양한 시간이 있다. 우리의 선조들은 세상을 이루고 있는 자연의 시간을 중심으로 생활해 왔다. 해의 시간에 맞추어 씨를 뿌리고 달의 시간에 맞추어 수확을 했다. 그러나 도시에서 살아가는 현대인은 시계를 중심으로 하는 시간의 지배를 받고 있다.

시계를 중심으로 하는 시간은 곧 돈으로 환산된다. 그리하여 세상을 쉼 없이 돌아가게 만든다. 공장 기계의 속도, 자동차의 속도, 인터넷의 속도 ……. 1분 1초를 다투며 바쁘게 돌아가는 사회에서 우리는 다른 생각을 할 여유도 없이 일상의 가속 페달을 계속 밟아야만 한다.

속도만을 추구하는 삶은 우리 몸이 가진 고유의 리듬을 깨뜨린다. 야간근무를 오래 한 여성들이 멜라토닌 호르몬의 불균형으로 인해 유방암 발생률이 높다는 보고가 그 예이다. 인스턴트 소비문화를 지탱하는 각종 화학물질과 그로 인한 수많은 질환은 편리와 풍요를 향해 과속질주하는 삶의 부작용인 셈이다.

우리의 삶은 자연으로부터 너무 멀어졌지만, 우리의 몸은 여전히 자연의 일부이다. 특히 여성은 생리·임신·출산과 같은 생명의 체험을 겪으면서 자연의 일부로서의 몸을 자각해 왔다. 더불어 생태계의 질서가 파괴되고 자연의 시간과 리듬이 교란되면 우리 아이들의 삶에 어떠한 영향을 미치는가를 몸의 감각으로 느껴왔다. 이런 여성들의 목소리가 모여서 개발과 파괴로부터 생명과 환경과 미래세대의 권리를 지키자는 운동으로 발전한 것이다.

최근 들어 우리가 누리는 풍요와 편리함의 이면에 존재하는 환경파괴와 제3세계의 빈곤을 걱정하는 이들이 늘고 있다. 조금 느리고 불편하더라도 환경을 보존하고 인간으로서의 존엄을 지키는 삶을 추구하는 이들이 많아지고 있는 것이다.

슬로 푸드에 대한 관심이 높아지고 자급하는 생활을 위해 농사를 짓는 이들이 생겨나고 있다. 생활 도구를 손수 만드는 핸드메이드 라이프를 원하는 이들도 증가하고 있다. 석유 에너지에 의존하지 않고 몸의 동력을 이용하려는 이들로 인해 자전거 붐이 일고, 걷기 여행이 각광을 받고 있다.

농업, 핸드메이드, 걷기와 같이 몸으로 하는 경험을 통해 사람들은 잊고 있던 자연의 속도에 대한 감수성을 회복해 갈 것이다. 자신이 온전히 중심이 되는 자연의 시간 속에서 느림의 기쁨을 경험한 이들은 속도전만을 추구하고 있는 현실을 변화시키기 위해 다양한 노력을 할 것이다. 그리고 그 노력들이 모여 우리 사회를 더욱 지혜로운 방향으로 이끌어갈 것이다.

2장 봄날

1 >
베이직 생리대
같은 마음

2 >
클린 생리대
양 많은 날엔

3 >
좋은꿈 생리대
나무와 함께 꾸는

4 >
땅콩 생리대
동글동글 귀여운

1 > 베이직 생리대
같은 마음

우리 엄마의 엄마, 그 엄마의 엄마들은 생리혈을 받아내는 흡수력 좋은 소재를 찾는데 굉장한 창의력을 발휘해왔습니다. 면이나 모 같은 천은 물론 식물성 섬유나 동물의 털, 이끼, 바다에서 찾아낸 해면과 해초까지 생리대로 활용했지요. 17세기 유럽에서는 스펀지와 솜뭉치를 탐폰으로 사용했고, 부스러기 솜, 종이, 나무 섬유로 생리대를 만들어 사용했습니다.

고대 이집트의 여성들은 부드러운 파피루스로 탐폰을 만들었고, 아프리카의 여성들은 풀을 말아 사용했다고 전해집니다. 이밖에도 가벼운 동물의 털과 식물성 섬유를 거즈로 싸서 탐폰처럼 사용한 여성들도 있었습니다.

생리대가 대량으로 생산·판매되기 시작한 것은 20세기 초입니다. 산업혁명 이후 여성들의 사회활동이 활발해지면서 세탁이나 바느질 같은 가사일이 밀려나게 되었지요. 한편 일회용 생리대를 만드는 기술은 빠른 속도로 발전했습니다.

베이직 생리대는 이름처럼 가장 널리 쓰이는 형태의 개방형 생리대입니다. 1장에 소개한 아침 생리대처럼 속에 안감을 넣고 봉합한 것을 일체형 생리대, 만들 때부터 안감을 넣고 뺄 수 있도록 한쪽 면이 열려 있는 형태로 만든 생리대를 개방형 생리대라고 분류합니다.

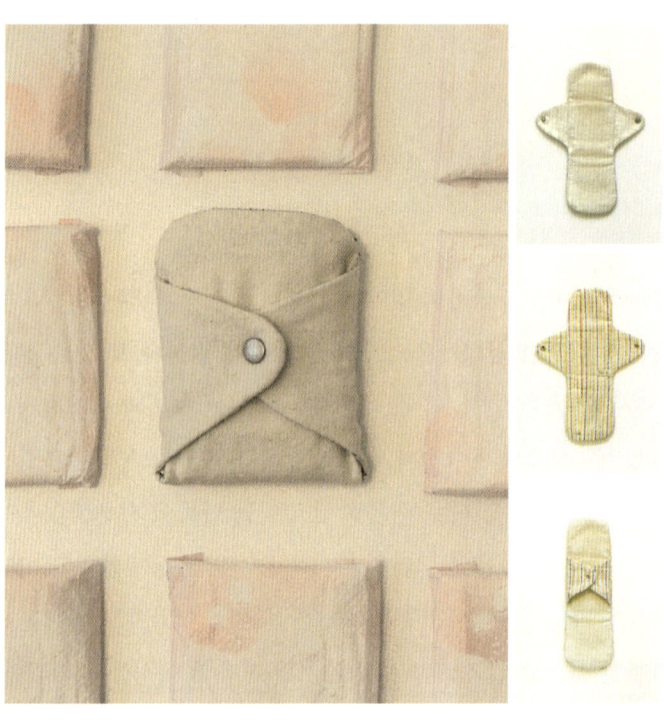

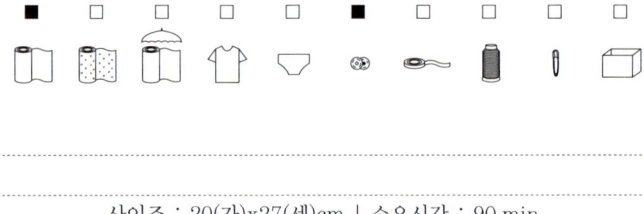

사이즈 : 20(가)x27(세)cm | 소요시간 : 90 min.

준비물 : 바느질 기본 도구, 융 1/2마, 똑딱단추

1 도안 그려 재단하기

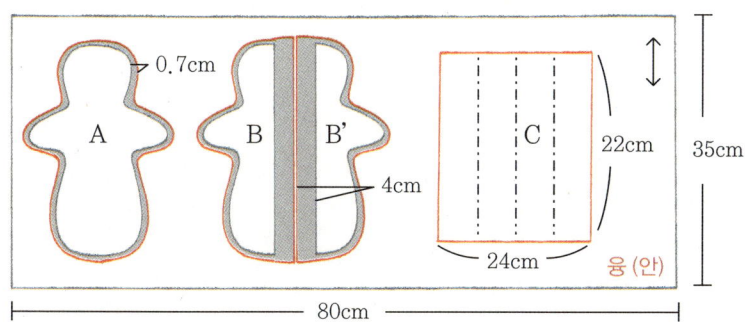

2 직선 부분 접어 홈질

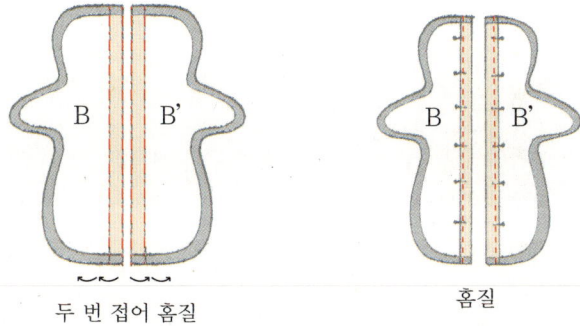

두 번 접어 홈질   홈질

① 원단에 본을 대고 도안을 그린 후 시접 0.7cm를 두고 재단가위로 잘라요.
   (직선 부분 : 시접 4cm)

② B와 B'의 직선 부분을 1cm 너비로 두 번 접은 다음, 시접 끝에서 0.7cm 들어가
   홈질해요.

3 겹쳐 고정하기

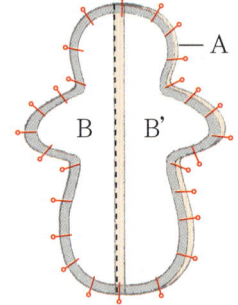

A

B   B'

4 둘레 홈질

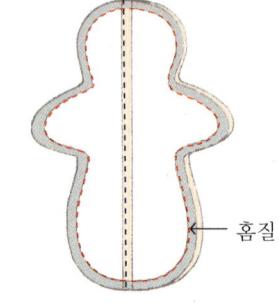

홈질

5 가위집 넣고 뒤집기

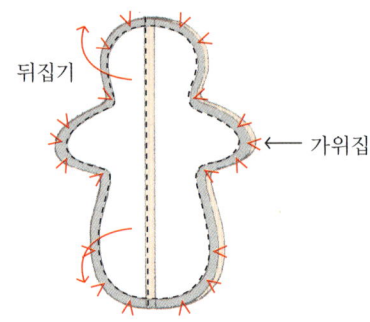

뒤집기

가위집

③ A와 B와 B' 3장을 겉면끼리 맞대어 시침핀으로 고정해요.

④ 완성선을 따라 빙 둘러 홈질해요.

⑤ 가위집을 2cm 간격으로 넣은 후 가운데 벌어진 부분으로 안과 밖을 뒤집고 모양
   을 다듬어요.

6 양 옆 홈질

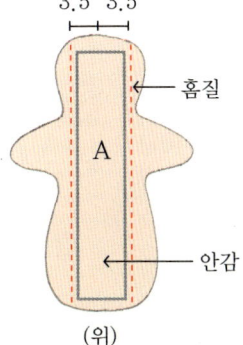

3.5 3.5

홈질

A

안감

(위)

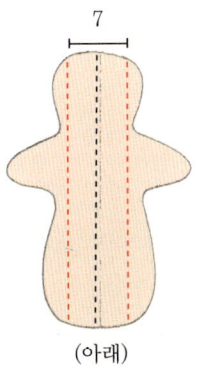

7

(아래)

7 똑딱단추 달기

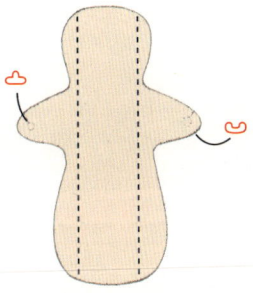

⑥ 가운데에서 양쪽으로 3.5cm 떨어져서 나란히 평행선으로 홈질해요.

⑦ 양쪽에 똑딱단추를 달아요. 왼쪽 위에 수단추, 오른쪽 아래에 암단추. 가장 헷갈리
는 부분이니 다시 한 번 확인하세요.

8 안감 만들어 넣기

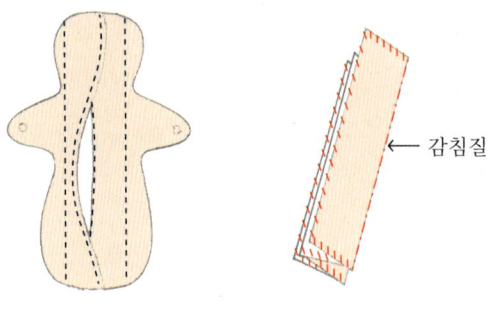

감침질

⑧ 안감은 올이 풀리지 않게 감침질한 다음 네 겹으로 접어서 사용합니다.

부직포

레이온식물섬유 및 인조섬유를 화학접착제로 혼합해서 만든다. 항균성을 높이기 위해 합성계면활성제로 표면을 처리하고, 표백제와 인공향료를 첨가한다.

고분자 흡수시트

폴리아크릴산나트륨, 비이온음이온계 계면활성제, 산화제, 합성폴리머, 덱스트린, 지방산에스테르 등이 주원료이다. 폴리아크릴산나트륨은 소듐폴리아크릴레이트라고도 한다. 자신의 부피보다 몇백 배에서 몇천 배의 물을 흡수하는 화학물질로, 액체를 젤리 형태의 고분자 물질로 변형시켜 저장한다.

방수층

폴리에틸렌필름, 폴리에틸렌라미네이트레이온지, 폴리프로필렌필름 등 플라스틱 소재의 얇은 막들이 겹쳐져 있다. 이와 같은 플라스틱 재료들은 자연 상태에서 분해되려면 100년 이상 걸린다.

2 > 양 많은 날엔 클린 생리대

일회용 생리대는 제1차 세계대전 중에 우연히 생겨났어요. 미국의 킴벌리 클라크사가 개발한 '셀루코튼'은 제지원료인 펄프로 만들어 면보다 흡수력이 뛰어나면서도 가격은 저렴해서 의료용 붕대, 방독면의 공기필터 등으로 널리 활용되었습니다. 붕대용으로 지급된 셀루코튼을 간호사들이 임시 생리대로 사용하기 시작했던 게 바로 일회용 생리대의 시작입니다. 열악한 근무환경에서 찾아낸 아이디어가 오늘날 일회용 생리대의 기원이 된 셈이지요.

우리나라에서는 킴벌리 클라크사의 합작회사인 유한킴벌리사에서 1971년부터 일회용 생리대를 판매하기 시작했고, 1975년에는 접착식 생리대 '뉴 후리덤'을 출시했습니다. 그 후 생리대는 더 강력한 흡수제를 개발하면서 진화를 거듭해왔습니다. 흡수제가 강력할수록 쓰고난 후 더 오랫동안 분해되지 않게 되지요.

클린 생리대는 양이 많은 둘째 날, 셋째 날에도 걱정 없이 쓸 수 있도록 방수천을 덧대어 만든 중형 생리대입니다. 방수천 덕분에 생리혈이 새지 않아 외출할 때도 안심하고 쓸 수 있지만, 방수천이 없는 일반 면생리대들보다 통기성이 떨어지므로 자주 교체하는 게 좋아요.

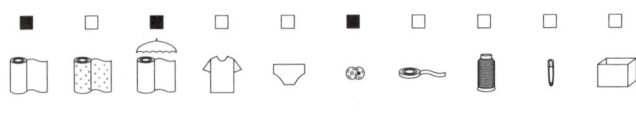

사이즈 : 19(가)x28(세)cm | 소요시간 : 90 min.

준비물 : 바느질 기본 도구, 융 1/2마, 방수천 1/4마, 똑딱단추

1 도안 그려 재단하기

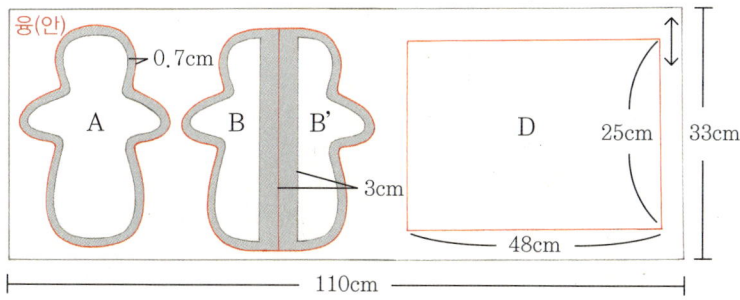

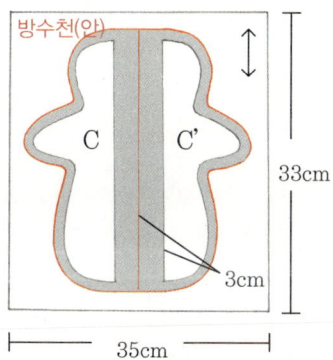

① 원단에 본을 대고 도안을 그린 후 시접 0.7cm를 두고 재단가위로 잘라요.
   (직선 부분 : 시접 3cm)

2 직선 부분 홈질

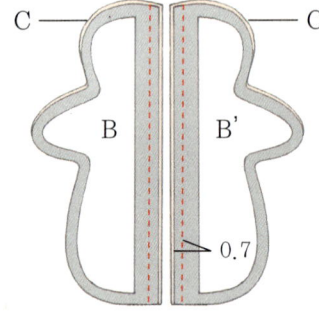

3 뒤집어 다시 홈질

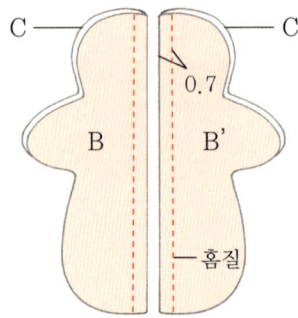

4 겹쳐 홈질

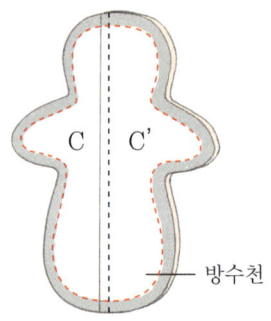

② B와 C, B'와 C'를 각각 겉면끼리 맞대어 직선 부분에서 0.7cm 들어가 홈질해요.

③ ②를 겉면이 나오도록 뒤집어서 0.7cm 안으로 들어가 다시 홈질해요.

④ ③의 B+C, B'+C' 두 장을 포개어서 A와 B가 겉면끼리 마주보게 맞추어 둘레를
　　홈질해요.

5 시접 정리하고 뒤집기

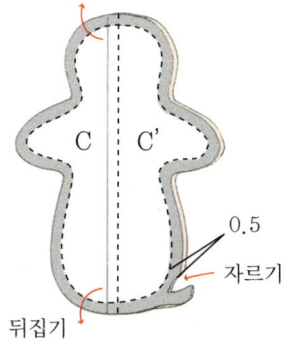

C C'

0.5

자르기

뒤집기

6 둘레 홈질

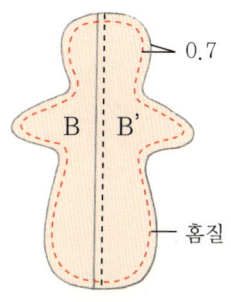

0.7

B B'

홈질

7 똑딱단추 달기

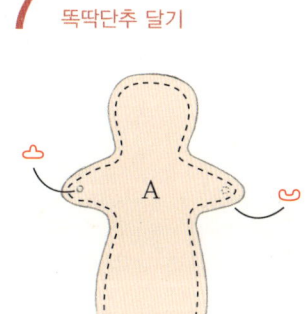

A

⑤ 시접을 0.5cm 정도만 남기고 나머지는 잘라내요. 가운데의 벌어진 부분으로 안과 밖을 뒤집어요.

⑥ 0.7cm 안으로 들어가 둘레를 홈질해요.

⑦ 양쪽에 똑딱단추를 달아요. 왼쪽 위에 수단추, 오른쪽 아래에 암단추. 가장 헷갈리는 부분이니 다시 한 번 확인하세요.

8 안감 접어 넣기

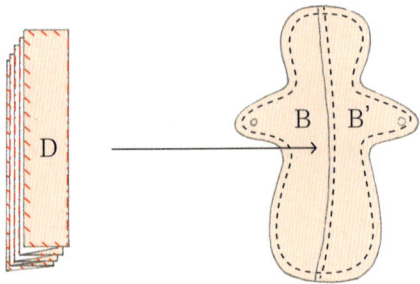

⑧ D의 가장자리를 감침질한 다음 여덟 겹으로 접어 넣어 사용합니다.

독성쇼크증후군을 일으키는 탐폰

1980년 미국에서는 독성쇼크증후군(TSS, Toxic Shock Syndrome)이라는 병으로 36명이 사망했고, 1,000명 이상의 환자가 발생했다. TSS는 포도상구균이라는 세균이 우리 몸의 면역체계를 붕괴하고, 간이나 허파, 심장 등 주요 장기까지 공격하는 치명적인 질병이다. 미국식품의약품안전청(FDA)의 조사 결과 TSS의 주요 발생 원인이 탐폰으로 밝혀졌다. 흡수력이 강한 탐폰이 생리혈뿐만 아니라 질 내부의 수분까지 빨아들였고, 건조현상으로 인해 갈라진 틈으로 세균이 침투하여 감염되었다는 것이다. 이후 FDA는 탐폰에 경고문을 의무 표시하게 했고, 탐폰 사용 안내 수칙을 발표했다.

경고문
독성쇼크증후군(TSS)의 증상은 독감과 비슷하기 때문에 알아차리기 어려움. 생리기간 동안 혹은 그 며칠 후에 갑작스런 고열, 구토, 설사, 현기증, 졸도 혹은 햇볕에 탄 것과 같은 발진을 경험하였다면, 즉시 의사의 상담을 받아야 함. 또한 지금 탐폰을 사용하고 있다면 즉시 제거해야 함. 초기 증상이 시작된 후 1~2주 안에 손바닥과 발바닥의 피부가 벗겨짐. TSS로 판명된다면, 병원에서 2~3주간 적절한 치료를 받아야 할 것임. 특히 10대 여성들온 TSS가 발생할 가능성이 높은데, 독성에 대한 면역이 없을 수 있기 때문. 탐폰은 패드형 생리대보다 TSS 위험성이 매우 높음.

탐폰 사용 안내 수칙
1. 사용설명서대로 삽입할 것.
2. 생리혈의 양에 맞추어 가장 흡수량이 낮은 수준의 제품을 쓸 것.
3. 4~8시간마다 교환할 것.
4. 생리대를 함께 착용할 것.
5. TSS의 경고 증상을 숙지할 것.
6. 생리기간이 아닐 때에는 사용하지 말 것.

출처 : Michelle Meadows, 'TSS Now Rare, but Women Still Should Take Care',
「FDA Consumer magazine」, 2003년 3월.

3 > 나무와 함께 꾸는 좋은 꿈 생리대

몇 해 전에 일어났던 환경호르몬 파동을 기억하나요? 아이스크림 용기, 종이컵 코팅제 등 생활용품에 널리 쓰이는 폴리에틸렌은 높은 온도에서 환경호르몬을 방출합니다. 환경호르몬은 몸 안에 들어오면 배출되지 않고 축적되면서 내분비 교란 작용을 일으키고, 치매나 당뇨와 같은 질병의 원인이 됩니다.

이처럼 위험천만한 폴리에틸렌은 일회용 생리대의 주요 원료입니다. 피부와 맞닿는 흡수 커버와 겉면의 방수층이 폴리에틸렌 소재입니다. 생리대 안의 흡수솜에는 자잘한 알갱이 형태의 고분자 흡수체가 들어있습니다. 이러한 화학물질들이 어떤 처리 과정을 거치는지, 그리고 여성의 몸에 어떤 작용을 일으키는지에 대해서는 충분히 알려져 있지 않습니다.

면생리대를 쓰기 시작한 지 3년이 넘었다는 한 여성은 이렇게 이야기합니다. "면생리대를 쓰면 몸이 바로 알아요. 포근하고 부드럽죠. 쓰는 즉시 이게 바로 내 몸이 원하던 거라는 걸 알 수가 있어요." 면생리대를 사용하면서 우리는 내몸의 소중함을 깨닫게 됩니다.

좋은꿈 생리대는 생리혈이 많은 날 잠을 잘 때 쓰는 생리대입니다. 자는 동안 뒤척임이 심한 편이라면 길이와 너비에 여유를 두고 큰 사이즈로 만드세요.

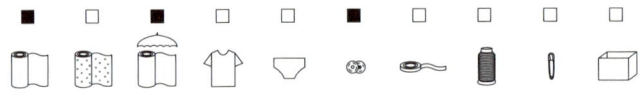

사이즈 : 20(가)x35(세)cm | 소요시간 : 100 min.

준비물 : 바느질 기본 도구, 융 1/2마, 방수천 1/4마, 똑딱단추

1 도안 그려 재단하기

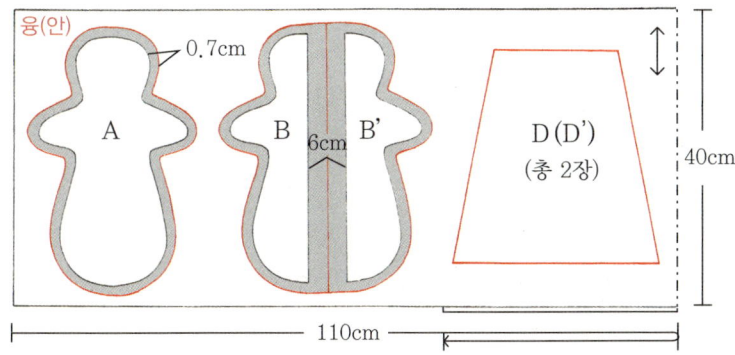

융(안)

0.7cm

A

B 6cm B'

D (D')
(총 2장)

40cm

110cm

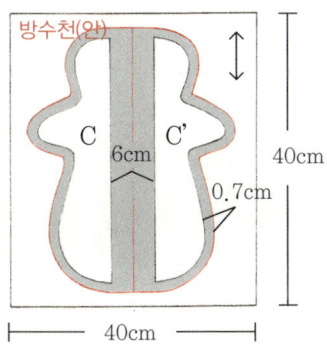

방수천(안)

C 6cm C'

0.7cm

40cm

40cm

① 원단에 본을 대고 도안을 그린 후 시접 0.7cm를 두고 재단가위로 잘라요.
　(직선 부분 : 시접 3cm)

2 직선 부분 홈질

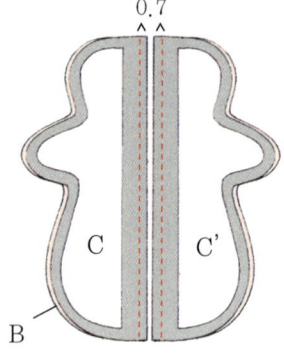

3 뒤집어 다시 홈질

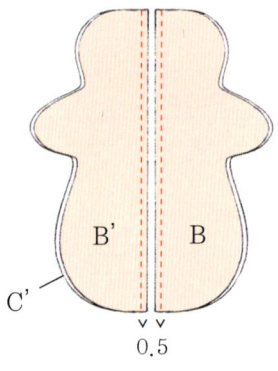

4 겹쳐 홈질

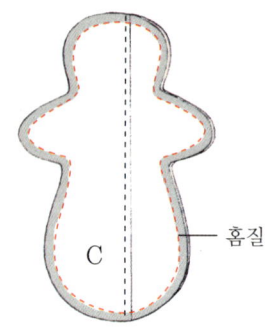

② B와 C, B'와 C'를 각각 겉면끼리 맞대어 직선 부분에 0.7cm 시접을 남기고 둘레를 홈질해요.

③ 겉면이 나오도록 뒤집고 0.5cm 안으로 들어가 다시 홈질해요.

④ B와 B'의 겉면과 A의 겉면을 맞대고, C와 C'의 안쪽이 위로 오게 해서 모양을 잘 잡은 후 완성선을 따라 홈질해요.

5 가위집 넣기

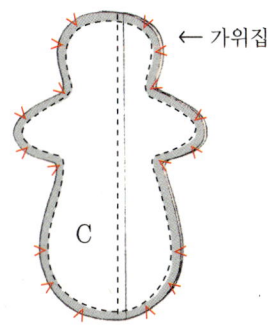

← 가위집

C

6 둘레 홈질

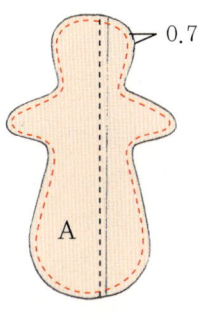

0.7

A

7 똑딱단추 달기

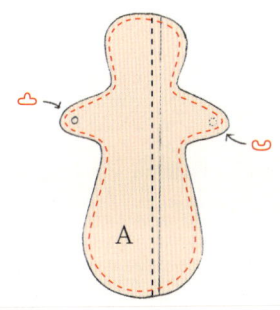

A

---

⑤ 가위집을 넣어요. 완성선에 닿지 않도록 주의하세요.

⑥ 가운데 벌어진 부분으로 ⑤를 뒤집은 다음 모양을 잘 잡고, 0.7cm 안으로 들어가서 둘레를 따라 홈질해요.

⑦ 양쪽에 똑딱단추를 달아요. 왼쪽 위에 수단추, 오른쪽 아래에 암단추. 가장 헷갈리는 부분이니 다시 한 번 확인하세요.

8 안감 감침질

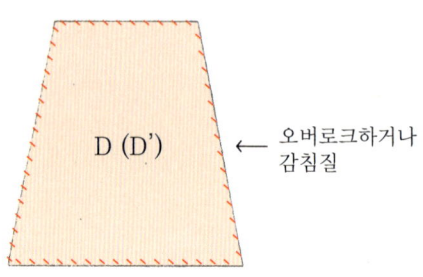

D (D')

← 오버로크하거나
감침질

9 안감 접어 넣기

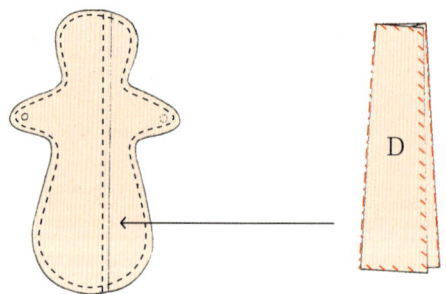

D

⑧ D와 D'를 겹쳐 둘레를 감침질해요.

⑨ ⑧을 세 겹으로 접어 넣어 사용하세요.

파라벤(부틸·프로필·에틸·메틸파라벤)

'파라옥시안식향산'이라고도 한다. 항균작용 및 방부제 기능을 하며 여러 종류의 화장품에 널리 쓰인다. 그러나 유방암 세포에서 파라벤의 농도가 정상치보다 높게 검출되는 등 내분비계 교란 작용을 일으킨다는 연구결과가 발표되며 논란을 일으켰다. 또한 자외선이 반응하면 피부노화가 촉진된다는 연구 결과도 있다.

페트롤라툼

원료 가격이 저렴하며 바세린과 립밤 등 보습 기능이 필요한 제품에 널리 쓰인다. 신체 자연보습 매커니즘을 방해해 피부가 건조해지고, 자외선과 반응하여 피부 손상을 촉진시킨다.

미네랄오일

액체석유라고도 한다. 마치 플라스틱 랩처럼 모공을 막아서 피부호흡을 방해하고 수분흡수를 차단시키며 피부의 면역성을 떨어뜨린다. 또한 피부의 독소배출을 방해해서 여드름과 피부질환의 원인이 된다. 또한 피부의 세포발육을 방해해서 노화현상을 일으킨다.

소디움라우릴황산염

합성 계면활성제로 화장품과 치약, 샴푸, 세제에 널리 쓰인다. 피부를 통해 쉽게 침투해 체내에 잔류하며, 발암 가능성을 높인다.

이소프로필알코올

용해제나 변성제로 널리 쓰인다. 기준치 이상 노출되면 중추신경계는 물론 눈과 피부에 심각한 영향을 미치며 폐울혈과 신장손상 등의 증세를 일으킬 수 있다.

4 > 동글동글 귀여운 땅콩 생리대

우리는 일생 동안 약 500번의 생리를 합니다. 그리고 한번 생리 때마다 20~25개의 생리대를 사용합니다. 한 사람이 평생 동안 약 12,000개의 생리대를 쓰는 셈입니다. 만약 한 사람이 일회용 생리대를 쓰지 않고 면생리대만 사용한다면, 12,000개의 일회용 생리대를 더 만들지 않아도 되고, 동시에 12,000개의 일회용 생리대 쓰레기가 줄어듭니다. 생리대의 주요 원료인 목재 펄프와 석유도 덜 소비하게 되겠지요. 자원 절약과 비용 절감, 그리고 쓰레기 감소 효과까지. 면생리대로 바꾸면 지구 환경과 우리의 생활이 모두 더 행복해집니다.

땅콩 생리대는 면생리대의 장점을 고루 담은 중소형 생리대입니다. 다른 생리대들과 달리 안감 양 옆이 개방되어 있습니다. 생리혈 양이 많은 날이면 안감과 생리대 사이에 안감을 더 넣어 쓸 수 있어요.

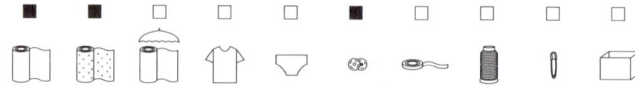

사이즈 : 20(가)x25(세)cm | 소요시간 : 100 min.

준비물 : 바느질 기본 도구, 융 1/2마, 무늬원단 1/8마, 똑딱단추

1 도안 그려 재단하기

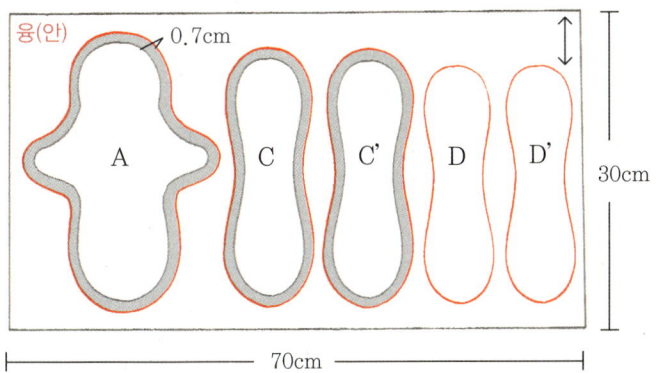

융(안)   0.7cm

A   C   C'   D   D'

30cm

70cm

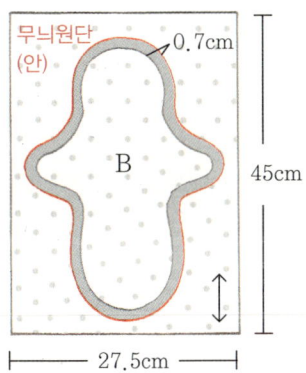

무늬원단
(안)   0.7cm

B

45cm

27.5cm

① 원단에 본을 대고 도안을 그린 후 시접 0.7cm를 두고 재단가위로 잘라요.
   (안감은 시접 없이)

2 A, B 고정하기

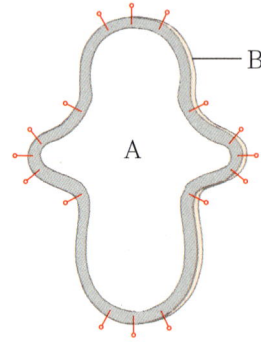

3 둘레 홈질

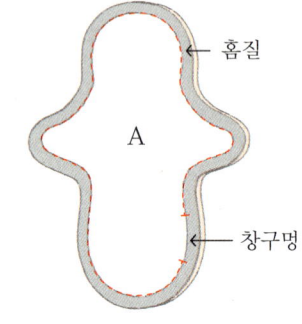

4 가위집 넣기

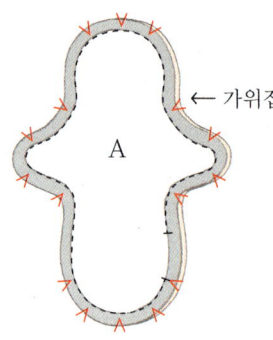

② A와 B를 겉면끼리 맞대어 시침핀으로 고정해요.

③ 창구멍을 6cm 남겨놓고 빙 둘러 홈질해요.

④ 가위집을 넣어요. 완성선에 닿지 않도록 주의하세요. 간격은 2cm 정도로 해서 넣어요.

5 뒤집어 창구멍 막기

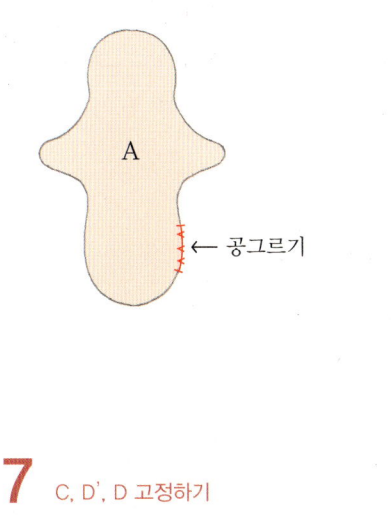

← 공그르기

6 똑딱단추 달기

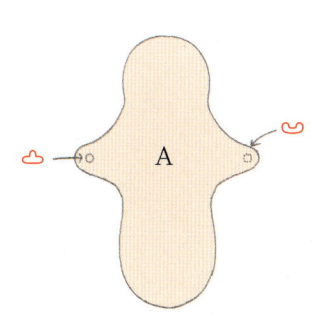

7 C, D', D 고정하기

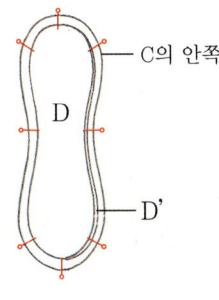

── C의 안쪽

D

D'

8 안감 홈질

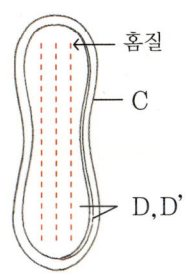

── 홈질

── C

── D, D'

⑤ 창구멍으로 뒤집어 모양을 잘 잡고 공그르기로 창구멍을 막아요.
⑥ 양쪽에 똑딱단추를 달아요. 왼쪽 위에 수단추, 오른쪽 아래에 암단추. 가장 헷갈리
　는 부분이니 다시 한 번 확인하세요.
⑦ D와 D'를 C의 안쪽 한가운데에 맞게 잘 겹쳐 시침핀으로 고정해요.
⑧ C와 D와 D'가 합쳐지도록 세 줄 나란히 홈질해요.

9 안감 둘레 홈질

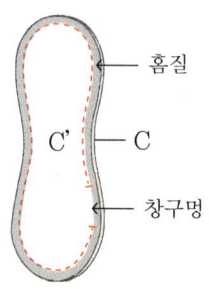

홈질

C' — C

창구멍

10 가위집 넣어 뒤집기

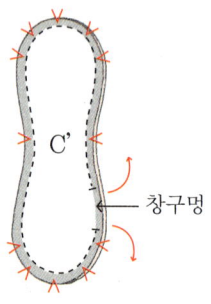

C'

창구멍

11 창구멍 막기

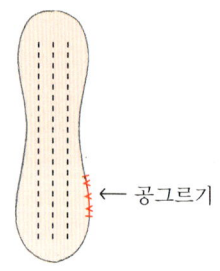

← 공그르기

⑨ ⑧의 C와 C'를 겉면이 맞닿게 포갭니다. 모양이 잘 맞게 겹쳐서 창구멍을 6cm 남기고 둘레를 홈질해요.

⑩ 가위집을 넣고 창구멍으로 뒤집어요.

⑪ 모양을 잘 잡고, 공그르기로 창구멍을 막아요.

12 안감 고정하기

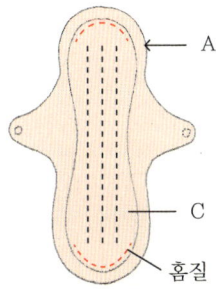

⑫ ⑥의 A 위에 ⑪을 얹고 그림과 같이 홈질해요.

MINI tip!!

우리의 몸, 우리가 관리한다

피자매연대 bloodsisters.net

대안생리대에 관해서는 가장 유명한 사이트이다. 캐나다의 대안생리대 공동체 'bloodsisters'에서 모티브를 얻어 '피자매연대'라는 이름을 지었다. 2003년부터 면생 리대를 소개했고 정기적으로 '면생리대 만들기 워크샵'을 개최하고 있다. 사이트에는 면생리대를 비롯한 대안생리대 관련 자료가 잘 정리되어 있다. '달거리대의 모든 것' 이라는 메뉴에는 많은 사람들이 직접 올린 만들기 노하우와 사용법, 사용후기가 있으 며, 'Q&A 게시판'에서는 궁금한 점을 해소할 수 있다.

슬로 패션
: 천천히 생각하며 입기, 느림도 패션이다!

슬로 패션? 패스트 패션?

'패스트 패션(Fast Fashion)'은, 주문하면 바로 먹을 수 있는 음식인 패스트 푸드(Fast Food)처럼 빠르게 유통되고 폐기된다는 의미의 신조어이다. 패스트 패션 매장에 가면 티셔츠 한 장에 5,000원이고 바지도 1만원이 넘지 않는다. 최신 유행을 신속하게 반영한 디자인에 가격까지 저렴한 패스트 패션은 주머니 사정이 넉넉하지 않은 청소년들에겐 더없이 반가운 상품이다.

옷 매장의 신상품은 보통 계절마다 바뀌는 게 정석인데, 패스트 패션 매장은 3~4일에 한 번씩 신상품으로 교체된다. 너무나 쉽게 사고 너무나 쉽게 버려지는 그 많은 옷들은 대체 어디에서 왔으며 어디로 사라지는 것일까?

원가가 얼마이길래……

면화 최대 생산국인 인도에서는 해마다 수많은 농민이 농약 중독으로 목숨을 잃는다. 전 세계에 유통되는 의류의 대부분을 생산하는 중국 티셔츠 공장의 노동자는 하루 12시간씩 일을 한다. 그들은 왜 이렇게 힘들게 면화를 재배하고 옷을 만들까?

경제에 조금만 관심이 있는 사람은 잘 알겠지만, 이익을 많이 내기 위해선 공급 가격을 최소화 하는 게 기업의 전략이다. 소비자에게 싼 가격으로 판매하기 위해 생산자와 노동자에게 싼 임금을 지불하는 것이다.

패스트 패션의 또 다른 특징은 쉽게 사는 만큼 쉽게 버려진다는 점이다. 그렇게 버려진 옷들은 제3세계 국가로 싼값에 수출되거나, 화학약품을 사용해서 처리한다. 결국 내가 산 티셔츠 한 장은 인도의 농민과 중국의 노동자뿐만 아니라, 지구에게도 제 값을 치루지 않은 불공정한 거래의 산물이라고 할 수 있다.

슬로 패션은 단순히 패스트 패션을 거부하는 것으로 그치는 게 아니다. 쉽게 옷을 사고 쉽게 옷을 버리는 행위에서 벗어나, 꼭 필요한 옷, 헌 옷이지만 소중한 사연이 있는 옷, 엄마의 옷장에서 나의 옷장으로 넘어온 옷, 그런 옷의 주인이 되는 것이다. 쉴 새 없이 돌아가는 속도 사회에서 느리게 생각하고 천천히 행동하며 자신만의 속도를 지니는 것, 그것이 진정한 슬로 라이프인 것이다.

슬로 패션의 3R 원칙
Reduce! Reuse! Recycle!

1. 불필요한 소비를 막고 옷장의 옷들을 잘 활용하자!

기분이 꿀꿀할 땐 쇼핑이 최고! 라고 주장하는 사람이라면 더욱 눈을 크게 뜨고 자신의 옷장을 살펴보자. 지난 1년 동안 한 번도 입지 않고 고이 모셔둔 옷이 몇 벌이나 있는지, 무심코 샀는데 맘에 들지 않아 구석에 처박혀 있지는 않는지 확인해 보자. 정기적으로 옷장을 확인하고 정리하는 일은 불필요한 소비를 막는 현명한 방법이다.

2. 아무리 봐도 촌스러운데 버리긴 아깝고…… 어쩐다? 고쳐 입지 뭐!

버리긴 아깝고 입기엔 맘에 들지 않는 옷들은 고민 1호이다. 무작정 버리기보단 인터넷이나 책에 나와 있는 리폼 관련 정보를 꼼꼼히 살펴보고 자신의 취향에 맞게 고쳐보자. 조금 서툴고 어색해도 내 손으로 자르고 바느질한 옷은 세상에 단 하나뿐인 슬로 패션이다.

3. 돌려 입고 나눠 입으며 옷장을 넓히자!

교복 물려주기, 언니 옷 물려 입기도 훌륭한 슬로 패션 중의 하나! 물려줄 친구나 동생이 없다면 재활용 가게에 기증하자. 기증하러 갔다가 더 멋진 옷을 발견하게 될지도 모른다. 당장 인터넷에서 우리 동네 재활용 가게를 검색해 보자.

슬로 패션을 위한 제안

1. 유행을 따르기보다 자신의 체형과 스타일에 맞는 옷을 선택한다.

2. 지갑을 열기 전에 구매하려는 옷이 꼭 필요한 옷인지 다시 한 번 생각한다.

3. 라벨을 꼼꼼하게 읽는다. 원산지와 성분, 세탁 및 관리 과정에서의 환경영향을 따져본다.

4. 자신이 좋아하는 브랜드 회사에 오가닉 원단이나 윤리적 상품을 취급하고 공정무역을 하도록 요구한다.

5. 새 옷을 사는 것보다는 수선하는 일에 지갑을 연다.

6. 가까운 재활용 가게를 이용한다.

> ▶ 아름다운가게 _ beautifulstore.org
> ▶ 리블랭크 _ shop.reblank.com
> ▶ 에코파티메아리 _ mearry.com
> ▶ 터치포굿 _ touch4good.com
> ▶ 페어트레이드코리아 그루 _ fairtradegru.com
> ▶ 기분좋은가게 _ 서울 마포구 서교동 481-2 1층, 전화 02-324-4194

3장
나들이

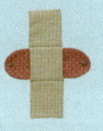

1>
날개 활짝 생리대
가볍고 편하게

2>
동그라미 생리대
날개 넓어 편안한

3>
모자 쓴 생리대
안감만 바꾸면 OK

4>
느림 생리대
슬로 라이프

1 > 가볍고 편하게 날개 활짝 생리대

서양의학에서는 생리통의 원인을 생리주기에 따라 분비되는 호르몬 때문으로 봅니다. 배란 후 난소에서 프로게스테론을 합성하고, 이 프로게스테론은 자궁 내막에서 프로스타글란딘을 분비시킵니다. 프로스타글란딘은 자궁 근육조직과 혈관을 강하게 수축시켜 생리혈을 바깥으로 내보내는 역할을 합니다. 그런데 이 물질이 정상보다 많이 분비되면 자궁이 강하게 수축되어 국소 빈혈과 저산소증을 일으키지요. 그 결과로 생리통이 심해지게 된답니다.

한의학에서는 생리통을 풍한이라고 합니다. 체질적으로 몸이 차거나 차가운 기운이 침입해 충분한 영양공급과 혈액순환이 제대로 되지 못하여 하복부와 손발이 냉할 때 생리통이 생깁니다. 이런 경우는 몸을 따뜻하게 해주면 좋습니다. 신경을 많이 쓰거나 스트레스가 심할 때도 혈액 순환이 잘 이루어지지 않아 생리통이 생깁니다. 자궁으로 피가 원활히 잘 흐르지 않고 혈액 순환이 느려지면 통증이 심해집니다.

생리통이 심할 때는 정신적인 긴장감과 스트레스를 내려놓고 휴식을 취하도록 하세요. 마음을 안정시키는 음악을 들으며 몸을 따뜻하게 하고, 평소보다 운동량을 줄이고 편안하게 쉬면 생리통을 완화시킬 수 있어요. 공기가 잘 통하고 보온이 잘 되는 옷을 입고, 습기가 많거나 공기가 찬 곳에 오래 머물지 마세요.

날개활짝 생리대는 만드는 방법도 생긴 모양도 재미있는 개성 만점의 생리대랍니다. 안감을 여러 개 만든 다음, 외출할 때 안감만 추가로 챙기면 더욱 간편하게 사용할 수 있어요. 날개 부분을 무늬원단을 이용해서 만들면 더 예뻐요.

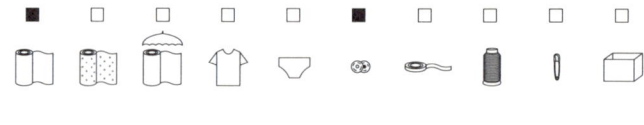

사이즈 : 20(가)x25(세)cm | 소요시간 : 100 min.

준비물 : 바느질 기본 도구, 융 1/2마, 똑딱단추

1 도안 그려 재단하기

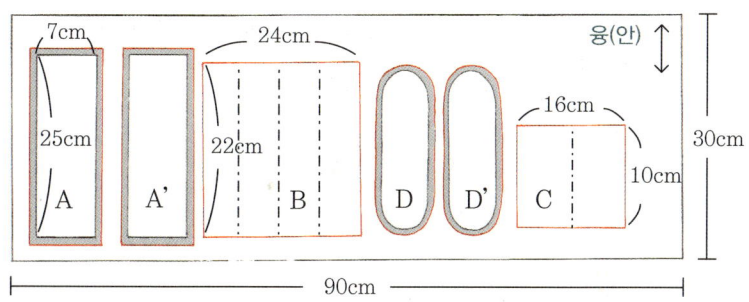

2 A, B 고정하기

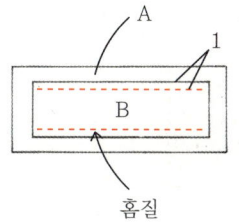

3 둘레 홈질

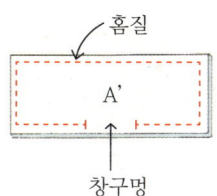

① 원단에 본을 대고 도안을 그린 후 시접 0.7cm를 두고 재단가위로 잘라요.
   (안감은 시접 없이)

② B를 네 겹으로 접고, A의 안쪽 면 가운데에 놓고 핀으로 고정한 다음 두 줄 나란히
   홈질해요.

③ ②를 반대쪽으로 뒤집어서 A와 A'가 겉면이 맞닿게 겹치고 둘레를 홈질해요. 이때
   7cm 정도 창구멍을 남겨두세요.

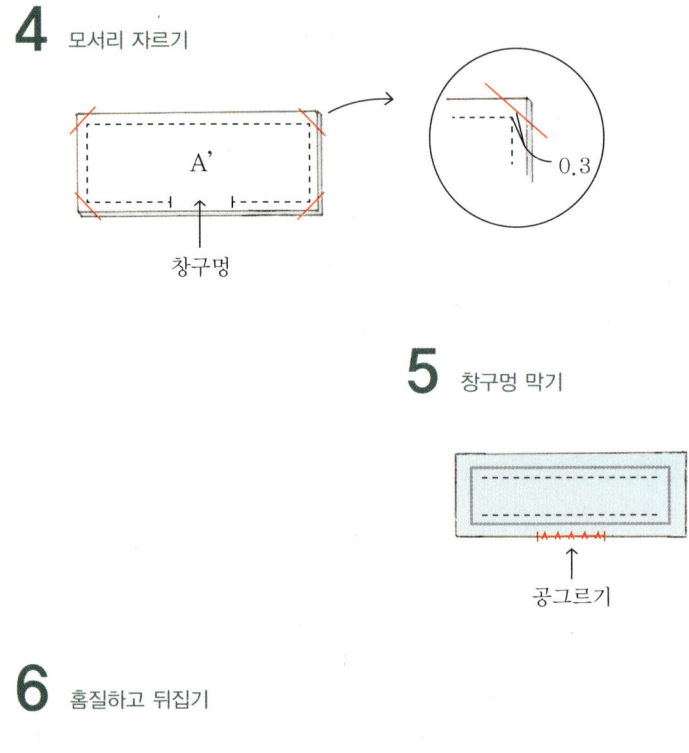

4 모서리 자르기

A'

창구멍

0.3

5 창구멍 막기

공그르기

6 홈질하고 뒤집기

C

0.7

홈질

뒤집기

④ 완성선에서 0.3cm 앞까지 시접을 남기고 네 모서리를 잘라내요.

⑤ 창구멍으로 뒤집어 모양을 잘 잡고 공그르기로 창구멍을 막아요.

⑥ C를 반으로 접고, 오른쪽 직선 부분만 0.7cm 들어가 홈질하고 뒤집어요.

7 A, C 합쳐 홈질

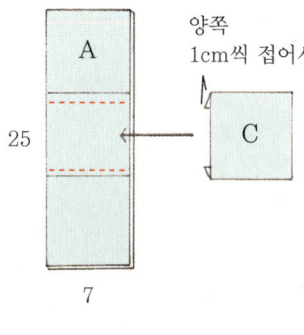

양쪽
1cm씩 접어서

A

25

C

7

8 둘레 홈질

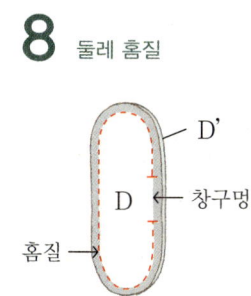

D'

D

창구멍

홈질

9 가위집 넣고 뒤집기

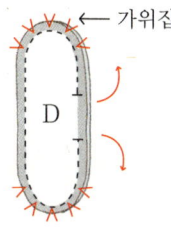

가위집

D

10 창구멍 막기

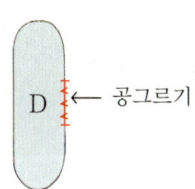

D

공그르기

⑦ ⑥의 열린 양쪽 끝 부분을 1cm씩 접어 넣은 다음 ⑤의 가운데에 고정해요. ⑥의
   접힌 부분과 ⑤를 홈질해서 하나로 합쳐요.

⑧ 이제 날개를 만들 차례입니다. D와 D'를 겉면끼리 맞대어 창구멍 6cm를 남기고
   둘레를 홈질해요.

⑨ 곡선 부분에 2cm 간격으로 가위집을 넣은 다음 창구멍으로 뒤집어요.

⑩ 공그르기로 창구멍을 막아요.

11  똑딱단추 달기

12 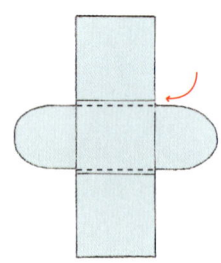 끼워 넣어 마무리

⑪ D의 양 끝에 똑딱단추를 달아요. 왼쪽 위에 수단추, 오른쪽 아래에 암단추. 가장 헷갈리는 부분이니 다시 한 번 확인하세요.

⑫ ⑦의 가운데에 ⑪을 끼워 넣어 사용하세요. ①~⑦의 과정을 반복해서 안감을 더 만들어 사용하면 편리해요.

tip!!
면생리대는 여성을 위한 축복

환경호르몬과 생리통

2006년 9월, 9시 뉴스에서 집에 있는 플라스틱용기를 내다버리는 주부들을 보도했다. 환경호르몬이 아이들의 생식기를 위협하고 생리통을 유발한다는 다큐멘터리 때문이었다.

그 다큐멘터리에서는 환경호르몬이라고 불리는 내분비교란물질이 인체 내에서 여성호르몬인 에스트로겐처럼 작용한다는 실험결과를 소개했다. 그리고 생리통이 심한 자원자들에게 내분비교란물질을 함유하고 있다고 의심되는 각종 첨가물이 든 인스턴트 음식과 플라스틱용기, 합성세제, 일회용 생리대 등을 쓰지 않는 이른바 '회피실험'을 했다. 한 달 후 끔찍한 생리통 때문에 일상생활이 모두 망가지다시피 했던 그들은 생리통이 거짓말처럼 사라졌다며 활짝 웃었다. 그런데 그 실험에서 사람들의 관심은 유독 플라스틱 용기에만 집중되었다.

생리통을 없애준 것은?

그 프로그램 제작에 참여했던 작가인 나는 무척 궁금했다. 생리통을 사라지게 만든 가장 큰 원인은 무엇이었을까? 당시 실험에서는 환경호르몬이 있을 것으로 추정되는 여러 요인들을 한꺼번에 회피하는 방법을 시도했기 때문에 무엇이 생리통에 영향을 미쳤는지는 정확하게 알 길이 없었다.

그에 대한 해답은 방송 후 몇 달 동안 자발적으로 이루어진 '시민실험대'에 의해 제시되었다. 한 50대 주부는 방송에서 소개된 것들을 오래 전부터 회피하고 있었지만 생리통이 여전했는데 단 한 가지 회피하지 않았던 합성세제를 사용하지 않자 생리통이 사라졌다고 했다. 어느 20대 회사원은 고기를 한 점도 먹지 않는 채식생활을, 어느 10대 여고생은 도시락을 싸가지고 다니자 생리통이 사라졌다고 했다.

그러나 가장 많은 사람들이 한 목소리로 '바로 이것이다!'라고 '보고'한 것은 다름 아닌 '일회용 생리대'를 회피하고 '면생리대'를 사용한 것이었다. 방송이라는 환경 때문에 면생리대 사용을 인상적으로 다루지 못한 나의 불찰을 두고두고 후회할 수밖에 없었다.

생리통은 여성만의 원죄?

생리는 자연스러운 것이지만 생리통은 분명 자연스러운 것이 아니라고 나는 믿고 있다. 생리는 인류가 지금껏 문명을 일구고 살아온 생명의 근원이다. 그것이 고통스러운 것이라면 인류는 아마 멸종하고 말았을 것이 분명하다.

그런데 왜 생리통이 생기는 걸까? 생리통은 과연 우리나라 여자들만의 일일까? 생리통은 가장 오랜 기간 동안 가장 잔혹한 방법으로 존재해온 '여성 전용 고문'이었다. 파렴치한 고문 학대자의 정체도 모른 채 지금도 전 세계의 숱한 여성들이 주기적으로 고문실을 들락날락거리고 있다.

여고생의 반 이상이 매달 진통제와 피임약까지 동원해가며 참고 견뎌내는 생리통이 어떻게 자연스러운 것이라 할 수 있을까? 언제 어떻게 시작될 고통인줄 뻔히 알고 당해야 하는 이 기가 막힌 상황을 견디다 못해 자살에까지 이르고 마는 상황이 과연 정상이라고 할 수 있을까?

1,000여 명이 넘는 여고생들을 대상으로 조사한 결과, 그들에게 생리통은 피할 수 없는 징후였다. 아울러 많은 학생들이 생리일이 다가올수록 당장 치료를 받아야 할 정도의 극심한 우울증에 시달리고 있었다. 언제 그 고통의 시간이 시작될지 알고 있기에 두려움과 고통은 더 했던 것이다. 방송을 보면서 흐르는 눈물을 참을 수 없었다는 고백도 쏟아졌다. 모두 생리통 때문에 배를 쥐어뜯고 자궁을 도려내고 싶었다는 사람들이었다. 10대 여고생부터 50대 중년부인까지, 생리통으로부터 자유로운 사람은 없었다.

딸에게 주는 선물

일회용 생리대로 인한 환경적인 문제들은 골치 아파 접어둔다고 치자. 그러나 당장 내 몸에 일어나는 변화를 체험하게 되면 새삼 환경운동을 떠올리지 않아도 내가 그 실천가가 되지 않을 수 없다.

면생리대를 사용하는 일은 '지구 살리기'라는 거창한 문제가 아니라, 당장 내 몸부터 살리고 봐야겠다는 아주 이기적인(?) 생각으로 시작해도 좋을 일이다. 생리통이 없는 사람에게는 내 자궁을 튼튼하게 해 주는 최소한의 '처치'라고 해도 좋을 것이다. 환경호르몬은 지금 내 몸에 영향을 주는 것은 물론이고, 앞으로 태어날 내 아이들에게도 치명적인 영향을 주기 때문이다. 설령 아기를 낳을 생각이 없는 사람도 죽을 때까지 내가 지니고 있어야 할 소중한 몸의 일부가 바로 자궁이다. 그러므로 자궁을 건강하게 하는 모든 행위는 아낌없이 격려 받아야 마땅하다.

마침 딸아이가 생리를 시작해서 나는 그 아이가 아기 때 쓰던 천 기저귀를 잘라 생리대를 만들고 있다. '어떤 재료로 어떻게 만들어진 것인지 아는 생리대'로 기나긴 여성의 삶을 시작하게 해줄 수 있어서 천만다행이다.

글 고혜미_ 방송작가, 「SBS 스페셜–환경호르몬의 습격」 집필

2 > 날개 넓어 편안한 동그라미 생리대

'생리'라는 말을 들었을 때 어떤 느낌이 떠오르나요? 지긋지긋한 생리통, 신경 쓰이는 냄새, 새면 어떡하나 하는 불안함……. 특히 '면생리대를 쓰면 냄새가 더 많이 나는 건 아닐까?' 하는 걱정 때문에 면생리대 사용을 주저하는 여성들이 많습니다.

그러나 면생리대를 쓰면 오히려 냄새가 덜 납니다. 우리가 생리혈 냄새로 알고 있는 불쾌한 냄새는 생리혈과 일회용 생리대의 화학물질이 결합해서 나는 냄새입니다. 일회용 생리대는 통풍이 안 되기 때문에 생리대 내부에서 혈액 성분이 부패하기 쉽습니다. 냄새를 줄여준다는 한방 생리대 등이 최근 인기를 끌고 있지만 근본적인 해결책은 아닙니다. 오히려 인공향과 생리혈 냄새가 섞여 더 역한 냄새를 낼 수 있답니다.

화학물질이 없고 통기성이 좋은 면생리대에서는 순수한 생리혈의 냄새, 흔히 피냄새로 알고 있는 비릿한 냄새만 납니다. 사용한 다음 파우치에 잘 담아 가방 안에 넣어두면 생리혈이 흠뻑 묻은 생리대라도 냄새가 심하지 않습니다. 혹시 생리혈의 냄새가 심하게 역하다거나, 뭉침이 심하다거나, 색이 거뭇하다면 질이나 자궁에 문제가 생겼을 수 있으니 병원에서 진단을 받는 게 좋습니다.

동그라미 생리대는 날개가 넓어 착용감이 편안하고, 원을 따라 쭉 바느질하는 형태라 더욱 쉽게 만들 수 있어요. 동글동글한 모양처럼 내 마음도 순해지는 것 같은 동그라미 생리대를 만들어 보세요.

사이즈 : 19(가)x19(세)cm | 소요시간 : 60 min.

준비물 : 바느질 기본 도구, 융 1/2마, 똑딱단추

1 도안 그려 재단하기

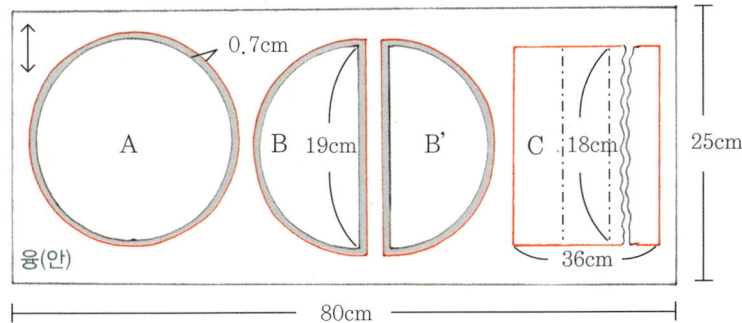

2 직선 부분 홈질

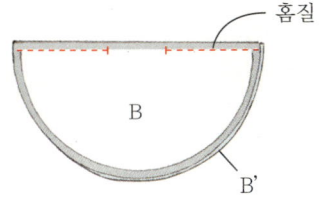

① 원단에 본을 대고 도안을 그린 후 시접 0.7cm를 두고 재단가위로 잘라요.
  (안감은 시접 없이)

② B와 B'를 겉면끼리 맞대어 창구멍 6cm를 남기고 직선 부분을 홈질해요.

3 시접 정리 후 홈질

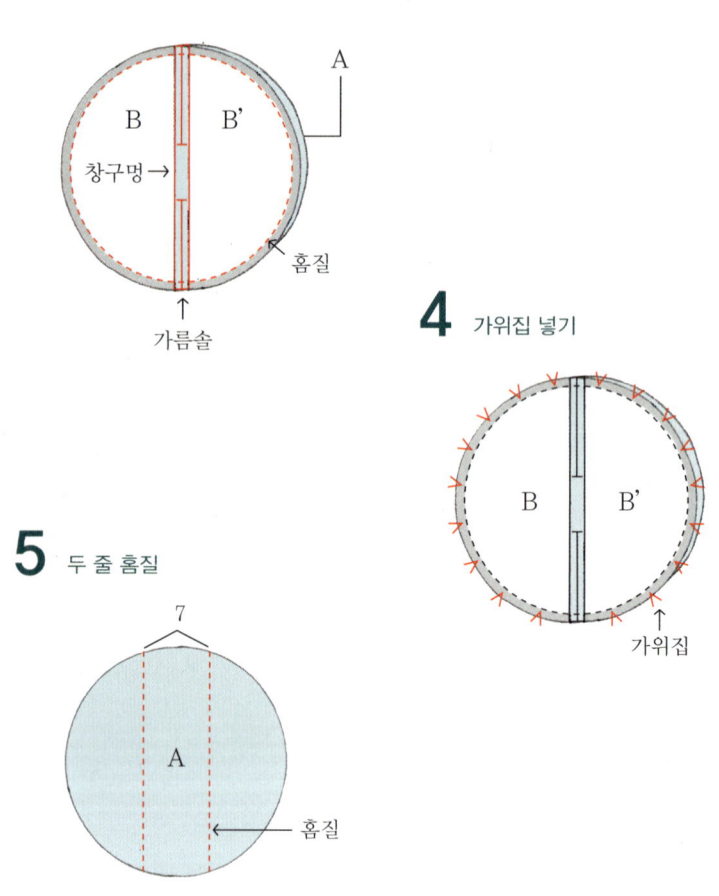

4 가위집 넣기

5 두 줄 홈질

③ ②를 펴고 가운데 시접을 양쪽으로 벌려 가름솔로 정리한 후 A와 겉면끼리 맞대어 둘레를 홈질해요.

④ 가위집을 넣어요. 완성선에 닿지 않도록 주의하세요.

⑤ 창구멍으로 뒤집고 가운데에서 양쪽으로 3.5cm 떨어져서 나란히 홈질해요.

6 안감 넣고 창구멍 막기

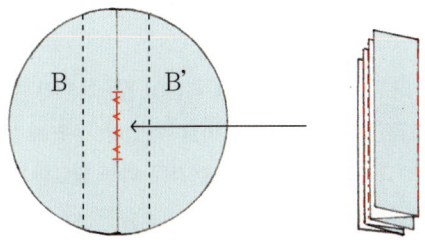

7 안감 겹쳐 홈질

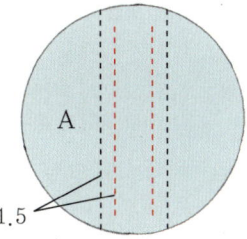

8 똑딱단추 달기

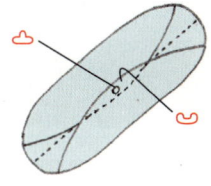

⑥ C를 여섯 겹으로 접어 창구멍으로 넣은 후 공그르기로 창구멍을 막아요.

⑦ ⑤에서 홈질한 선의 1.5cm 안쪽으로 두 줄을 홈질해서 안감이 밀리는 걸 막아요.

⑧ 양쪽에 똑딱단추를 달아요. 왼쪽 위에 수단추, 오른쪽 아래에 암단추. 가장 헷갈리는 부분이니 다시 한 번 확인하세요.

tip!!
<u>나의 환경건강지수는?</u>

우리 사회 전반적인 환경수준을 바꾸려면 많은 노력과 시간이 필요하지만, 우리와 가까운 환경의 오염 수준은 조금만 노력해도 크게 바꿀 수 있다. 우리가 살고 있는 생활환경을 오염시키는 유해요소를 점검해보자. 건강을 위해 필요한 실천사항들을 살펴보면서 나의 환경건강지수를 진단해보자.

5개 이하 : 각종 오염과 유해물질에 노출되어 있다. 생활습관을 차근차근
　　　　　　바꾸어야 한다.

5개 이상 : 나도 모르게 환경적인 삶을 살았지만, 이제부터는 환경적 지식
　　　　　　으로 무장하고 실천해야 한다.

10개 이상 : 나와 지구 모두 건강하게 가꾸고 있다.

1. 일회용 생리대 대신 면생리대를 사용한다. ☐

2. 종이컵과 PET병 대신 개인 컵과 텀블러를 사용한다. ☐

3. 가방 안에는 늘 손수건과 에코백이 준비되어 있다. ☐

4. 새로 산 옷은 한두 번 빨아서 입는다. ☐

5. 옷, 신발, 가방 등을 구입할 때 새 제품보다 중고 제품이나 벼룩시장을
   애용한다. ☐

6. 방향제, 탈취제, 모기향, 살균제, 살충제, 소독제는 거의 사용하지 않는다. ☐

7. 휴대폰, 헤어드라이어, 전자렌지 등 강한 전자파를 내보내는 기기를 덜
   쓰려 노력한다. ☐

8. 세탁양이 적을 땐 세탁기 대신 손빨래로 물을 아낀다. ☐

9. 형광등, 온도계, 건전지를 다 쓰고 나면 분리수거해서 버린다. ☐

10. 사용하지 않는 전기 제품은 플러그를 뽑아둔다. ☐

11. 화장품 사용을 최소화한다. ☐

12. 계면활성제가 들어 있는 세제를 사용하지 않는다. ☐

13. 독성이 높은 화학물질을 오랜 시간 접해야 하는 파마나 염색을 하지 않는다. ☐

14. 각종 영양제나 보약, 혹은 건강보조식품을 잘 먹지 않는다. ☐

15. 아프면 약을 먹거나 병원에 가기보다 충분히 쉬면서 회복하는 편이다. ☐

16. 가급적 인스턴트식품, 가공식품, 패스트푸드를 피한다. ☐

17. 채소와 과일을 많이 먹고, 제철음식과 토종음식을 즐겨 요리한다. ☐

18. 가까운 거리는 차를 타기보다 걷거나 자전거를 이용한다. ☐

19. 걷기, 달리기, 수영 등 규칙적인 운동을 주 3회 이상 한다. ☐

20. 하루에 10분 이상 명상이나 기도를 하면서 마음을 건강하게 가꾼다. ☐

3 > 모자 쓴 생리대
안감만 바꾸면 OK

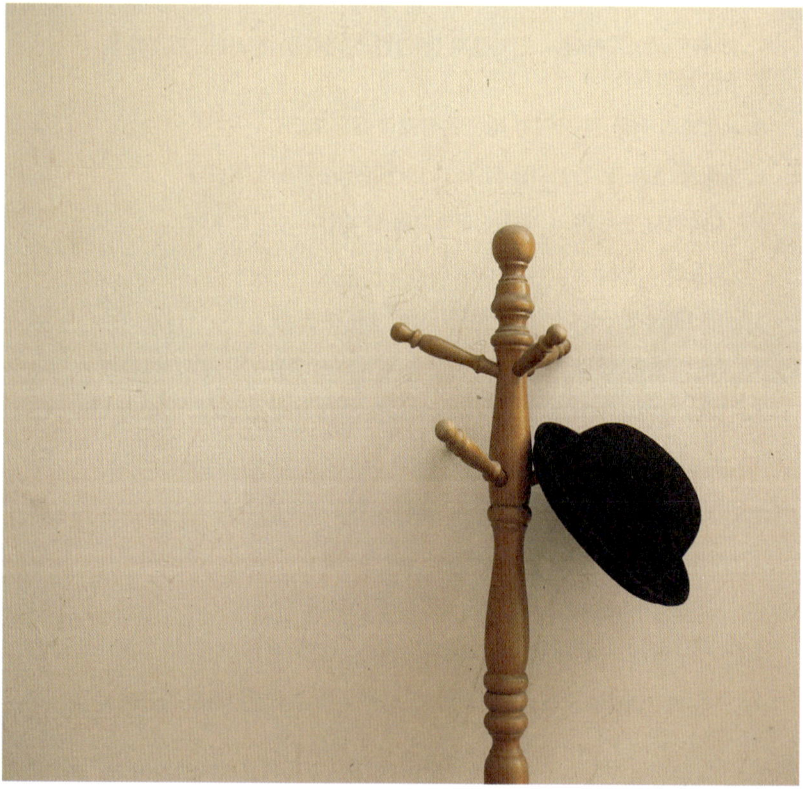

자신의 생리주기가 며칠인지, 다음 생리일이 언제인지 알고 있나요? 생리주기를 꼼꼼하게 체크하는 건 내 몸에 대해 관심을 갖고 귀를 기울이는 일이랍니다. 일반적으로 여성의 생리주기는 28일~35일인데, 만약 생리주기가 28일 이하로 너무 짧거나 35일 이상으로 너무 긴 경우, 그리고 심하게 불규칙한 경우는 생리불순일 수 있습니다.

생리불순이란 자궁 이상, 호르몬 분비 이상, 정서적 불안, 심한 스트레스 등의 요인들로 인해 생리주기와 생리혈이 불규칙적으로 나타나는 증상을 말합니다. 생리불순을 예방하기 위해서는 규칙적인 생활리듬을 갖고, 적당한 운동을 하고, 배 아래 부위를 따뜻하게 유지하는 등 세심한 주의가 필요합니다. 유해한 화학물질을 멀리하는 것도 중요해요. 일회용 생리대 대신 면생리대를 사용한 후 생리불순, 생리통 등의 증상이 한결 나아졌다는 경험담이 많습니다.

생리주기계산표(218p)와 월경주기팔찌 만들기(220p)를 참고해서 내몸의 변화에 귀기울여 보세요.

모자쓴 생리대는 모자처럼 생긴 생리대의 양쪽 끝부분에 안감을 끼워 고정하는 형태의 생리대입니다. 여러 장의 원단을 이어 붙여야 하므로 만드는 방법이 조금 까다로울 수 있어요. 차근차근 그림과 설명을 보며 잘 따라해 보세요.

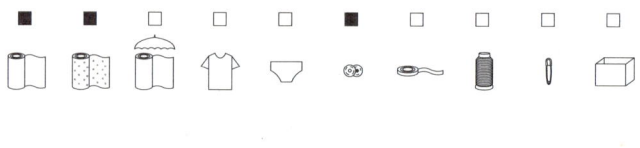

사이즈 : 20(가)x25(세)cm | 소요시간 : 100 min.

준비물 : 바느질 기본 도구, 융 1/2 마, 무늬융 1/2 마, 똑딱단추

---

1 도안 그려 재단하기

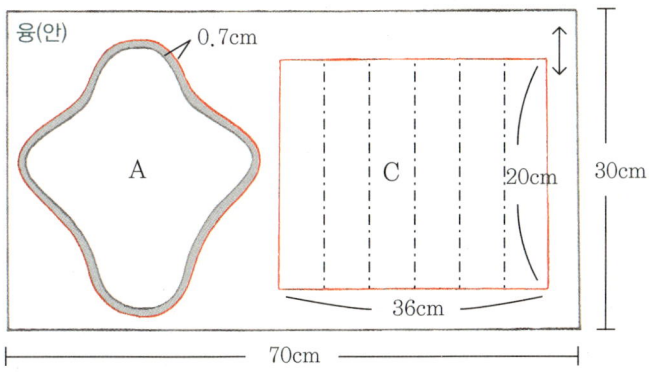

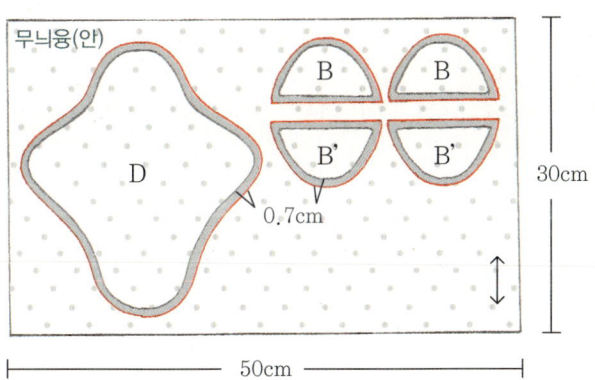

① 원단에 본을 대고 도안을 그린 후 시접 0.7cm를 두고 재단가위로 잘라요.
(안감은 시접 없이)

2 B, B' 겹쳐 홈질

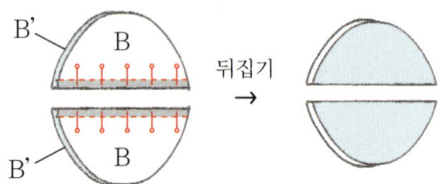

B' B

뒤집기 →

B' B

3 모양 맞춰 고정하기

4 둘레 홈질

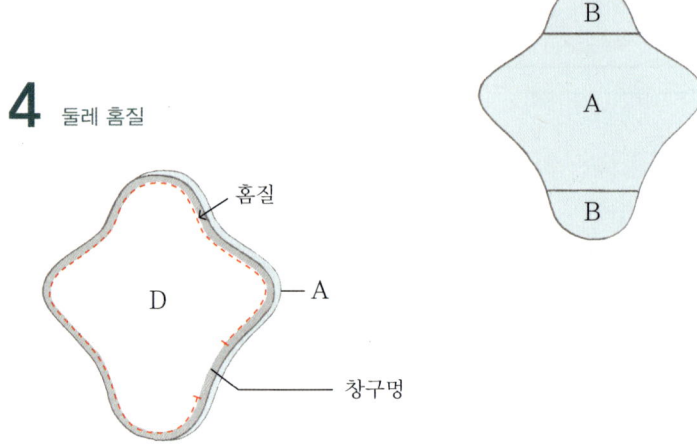

홈질

D A

창구멍

B

A

B

② 각각 두 장씩 재단된 B와 B'을 겉면끼리 겹쳐 직선 부분을 홈질하고 뒤집어요.

③ A의 겉면을 위로 오게 한 다음, B를 위아래에 하나씩 두고 핀으로 고정해요.

④ ③ 위에 D의 안쪽 면이 위로 오게 해서 모양을 잘 잡고, 창구멍 6cm를 남기고 둘레
   를 따라 홈질해요.

5 가위집 넣기

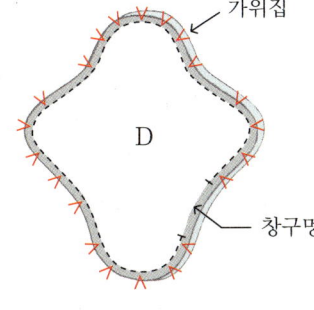

가위집

D

창구멍

6 똑딱단추 달기

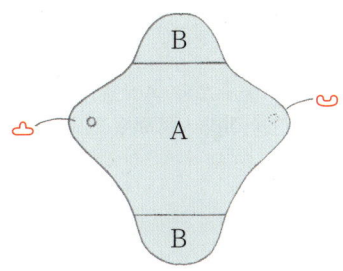

B

A

B

7 안감 감침질

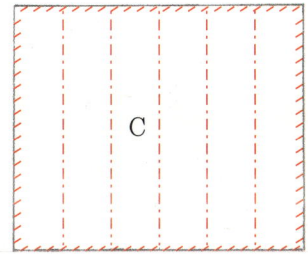

C

⑤ 2cm 간격으로 가위집을 넣은 다음 창구멍으로 뒤집어요. 공그르기로 창구멍을 막아요.

⑥ 양쪽에 똑딱단추를 달아요. 왼쪽 위에 수단추, 오른쪽 아래에 암단추. 가장 헷갈리는 부분이니 다시 한 번 확인하세요.

⑦ C는 올이 풀리지 않도록 빙 둘러 감침질하고 여섯 겹으로 접어요.

8 안감 넣기

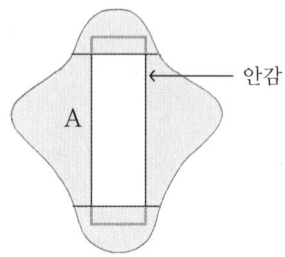

안감

A

⑧ ⑦을 B에 끼워 넣어요. 안감을 두께별로 여러 개 만들거나, 자투리천이나 수건을 잘라 사용해도 돼요.

생리통 치유하기

- 예민하고 체력이 약할수록 몸의 전반적인 건강상태에 따라서 생리 전 긴장이나 통증이 잘 생긴다. 통증과 함께 소화불량, 두통, 짜증, 우울, 눈물, 전신피로, 부종, 피부발진 등도 나타난다. 평소 빈혈이 심하고 저혈압인 사람은 출혈과 함께 머리가 무겁고 눈이 안개 낀 듯이 뿌옇고 시야가 흐려지고 심하면 골이 빠개질 듯이 아프며 흔들리는 어지럼증이 나타나기도 한다. 이때는 진통제도 효력이 별로 없으므로, 평소 식사를 꼬박꼬박 해주고 부신기능을 회복시켜서 혈압을 올려주는 것으로 치료해야 한다.

- 부종은 평소 신장기능이 약하고 수분대사를 잘 못하는 사람에게 호르몬의 영향으로 부기가 심해지는 것이다. 찬물과 밀가루 음식, 설탕이 들어간 차 종류는 부종을 악화시킨다. 대신 옥수수차나 크랜베리 주스 등 이뇨를 돕는 차를 마시면 좋다.

- 생리 전 통증이 심한 사람은 생리 예정일 3일 전부터 소금물에 반좌욕을 하면 좋다. 그리고 출혈이 시작되면 반좌욕을 멈춘다.

- 팥 500g을 면주머니에 싸서 전자레인지에 3분 돌리면 따끈해진다. 팥은 어혈과 부종을 풀어주는 데 효과적이고, 온기가 오래 가서 찜질용으로 뛰어나다. 단, 급성골반염이 있으면 온찜질을 피하도록 한다.

출처 : 이유명호, 『나의 살던 고향은 꽃피는 자궁』, 웅진닷컴

4 > 슬로라이프

느림생리대

바이어스로 테두리를 감싼 느림 생리대, 시판 바이어스 대신 직접 원단을 잘라 만들어 사용해도 좋답니다. 화려한 무늬 원단으로 바이어스를 만들어 활용하면 생리대가 더 예뻐지지요. 산뜻한 생리대처럼 기분 좋게 생리를 맞이할 수 있도록 생리통을 덜어줄 수 있는 차와 음식을 알아볼까요.

생리통에 좋은 차 : 물 500cc에 향부자, 진피, 감초를 10g씩 넣어 달인 후 잇꽃(홍화) 1g을 넣고 발그레하게 우려서 하루에 두 번씩 먹으면 출혈로 소모된 혈액을 보강하고 통증을 없애주며 자궁을 회복시키는 데 도움이 됩니다. 체질이 냉한 사람은 쑥을 넣으면 좋으나 맛이 너무 써지지 않게 조금만 넣어야 합니다.

생리통에 좋은 음식 : 배가 부풀어서 과식을 하면 부담스러우므로 식사량을 좀 줄이고 미역국이나 누룽지, 죽처럼 부드러운 음식을 가볍게 먹는 것이 좋아요. 갓, 우엉, 냉이, 달래도 좋고 모시조개와 홍합, 미역, 곤포미역 등 해산물과 채식이 좋습니다. 그리고 연근, 우엉, 부추, 양배추 등은 지혈작용을 하기 때문에 생리 출혈 조절에 도움이 돼요. 또한 유제품과 지나친 육식은 자궁내막을 자극하고 어혈을 생기게 하므로 줄이도록 하세요.

출처 : 이유명호, 『나의 살던 고향은 꽃피는 자궁』, 웅진닷컴

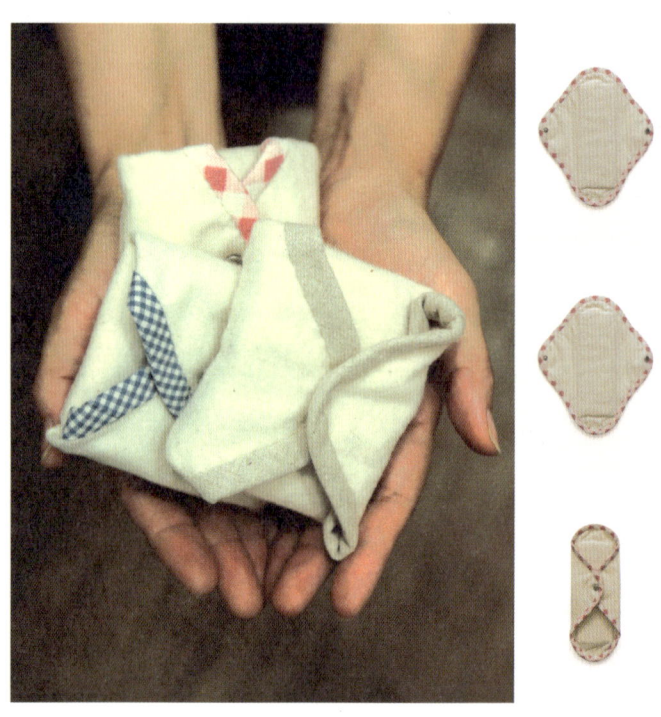

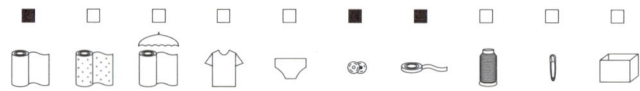

사이즈 : 21(가)x23(세)cm | 소요시간 : 120 min.

준비물 : 바느질 기본 도구, 융 1/2마, 시판용 바이어스 1마, 똑딱단추

1 도안 그려 재단하기

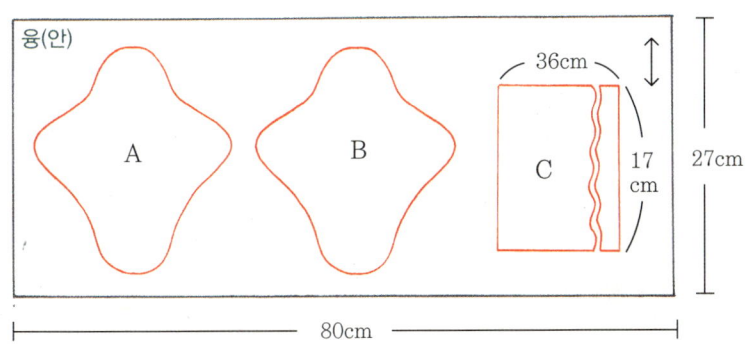

2 나란히 선긋기

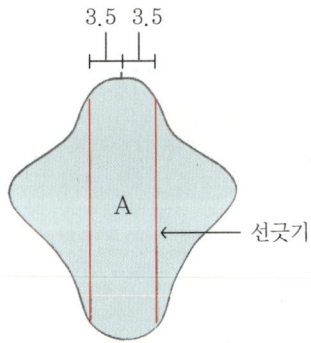

① 원단에 본을 대고 도안을 그린 후 재단가위로 잘라요. (시접 없이)

② A와 B의 안쪽 면끼리 맞대고, 가운데에서 양쪽으로 3.5cm 떨어져서 나란히 직선을 그어요.

3 두 줄 홈질

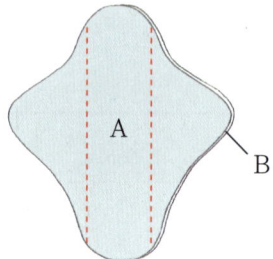

4 안감 홈질

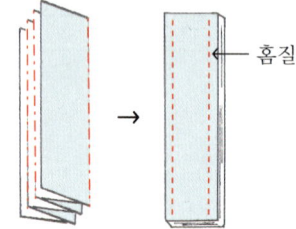

5 안감 넣기

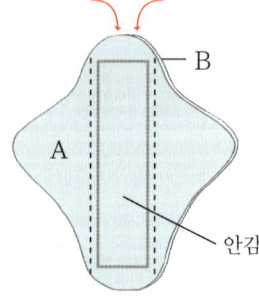

③ 그은 선을 따라 두 장을 겹쳐 홈질해요.
④ C를 여섯 겹으로 접은 다음 양쪽 옆을 성글게 홈질해요.
⑤ ④를 A와 B 사이로 끼워넣어요.

6 바이어스에 선긋기

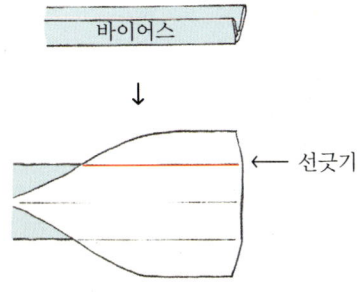

바이어스

↓

← 선긋기

7 바이어스 홈질

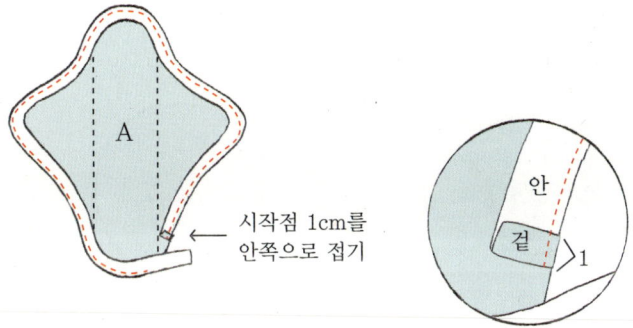

A

시작점 1cm를
안쪽으로 접기

안

겉

1

⑥ 시판 바이어스를 펼치고 0.7cm 안쪽에 선을 그어요.

⑦ 원단의 끝부분이 보이지 않도록 시작점에서 안쪽으로 1cm 접고 ⑥에서 그은 선을
생리대의 끝선에 맞추어 고정한 후 둘레를 홈질해요. 직선 부분에서 시작해야 마무리
가 편해요.

8 바이어스 겹쳐 홈질

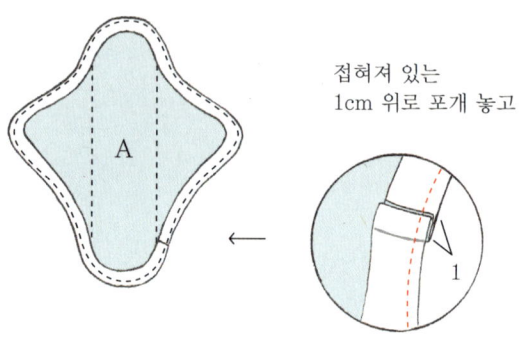

접혀져 있는
1cm 위로 포개 놓고

9 바이어스 공그르기

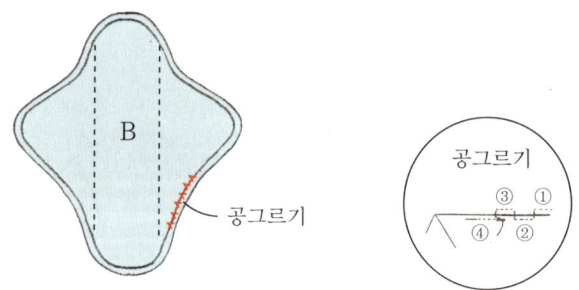

공그르기

⑧ 바이어스가 끝나는 부분을 접혀진 바이어스 위로 올려 겹쳐지게 해서 잘라낸 후
홈질을 마칩니다.

⑨ 바이어스를 반대쪽으로 넘겨 시접의 반을 안쪽으로 접어 넣은 후 B면의 바느질한
부분이 덮이도록 핀을 고정한 후 공그르기해요.

10 똑딱단추 달기

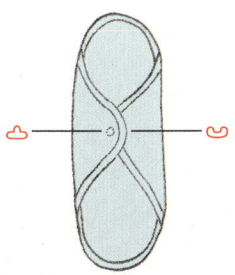

11 홈질하고 마무리

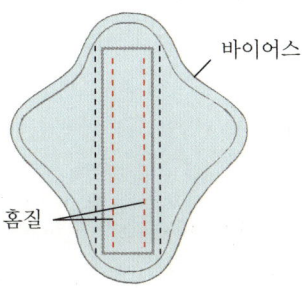

바이어스

홈질

⑩ 양쪽에 똑딱단추를 달아요. 왼쪽 위에 수단추, 오른쪽 아래에 암단추. 가장 헷갈리는 부분이니 다시 한 번 확인하세요.

⑪ 안감이 밀리지 않도록 두 줄 정도 나란히 홈질해요.

슬로 푸드
: 느린 것이 건강하다

고등학교 때 내 짝꿍. 공부도 잘하고 친구들한테 인기도 많은 애였어. 걔는 특이한 버릇이 하나 있었는데, 시험 때면 과자를 입에 달고 살았지. 한두 봉지로 그치는 게 아니라 계속 우적우적 과자를 씹으면서 몇 시간씩 공부를 하곤 했어. 짝꿍은 그렇게 마구 먹어줘야 시험 스트레스를 풀 수 있다고 했어. 이제는 결혼도 하고 아이도 낳았을 그 친구. 요샌 스트레스 받을 때마다 드라마에 나오는 화난 여자들처럼 양푼 가득 비빔밥을 퍼먹고 있는 건 아닐까.

회사동료 A. 우린 비슷한 점이 많아서 금방 친해졌지. 우린 밥은 건너뛰어도 디저트 없이는 못 사는 사람들이거든. 색깔도 맛도 다양한 아이스크림, 설탕시럽을 하얗게 입힌 도넛, 달아서 살짝 머리가 마비될 것 같은 컵케이크, 생크림을 켜켜이 쌓고 초코 시럽을 뿌린 달콤한 커피. 우울할 때 단 것을 먹으면 우울함이 사르르 녹아내리지. 사실 단 걸 좋아하는 여자는 우리뿐만이 아니야. 기분이 안 좋거나 생리기간에 단 것을 유별나게 찾는 여자들이 주변에 많아. 우린 왜 이렇게 쉽게 우울해지고 단 것만 찾는 걸까.

우리가 사는 세상 한쪽에서는 군살 한 점 없는 몸을 아름답다고 추켜세우며 끊임없이 새로운 다이어트 법을 내놓는다. 그런데 다른 한쪽에서는 더 달고 더 자극적인 맛을 내놓으며 먹고 또 먹기를 권하고 있다. 그런 세상에 사는 우리는 먹을 것에 탐닉하면서도 먹는 일에 혐오감을 가지게 된다. 그러다보니 먹는 일은 어쩔 수 없이 후다닥 해치워야 하거나, 알 수 없는 분노와 허기를 면하기 위해 꾸역꾸역 밀어 넣는 일이 되고 만다. 그렇게 하는 식사가 결코 좋을 리 없다. 화학첨가물과 설탕 덩어리가 든 음식을 먹든, 몸에 좋다는 음식을 먹든, 화가 나고 우울한 마음으로 해치우는 식사는 후회스럽고 공허한 기분만을 가져올 뿐이다.

이러한 악순환을 깨뜨리기 위해서 필요한 게 '느림'이다. 생명을 가진 것들이 자연의 속도에 맞춰 천천히 자라야 건강한 것처럼, 우리가 무언가를 만들고 먹을 때도 '느림'은 필요하다.

정신없이 공장에서 기계가 찍어내듯 만들어내는 음식이 과연 건강할까? 과연 제대로 된 맛을 낼 수 있을까?

패스트 푸드는 재료도, 만드는 과정도, 먹는 데 걸리는 시간도, 모두 빠르다. 그렇게 빠르게 만들어낸 햄버거와 감자튀김과 콜라 세트는 비만의 원인이며, 건강을 해치고, 환경을 오염시킨다.

일본의 작가 시마무라 나쓰진은 "슬로 푸드란 입으로 들어오는 음식을 통해 자신과 세계의 관계를 천천히 되묻는 작업이다. 자신의 친구, 자신과 가족, 자신과 사회, 자신과 자연, 자신과 지구 전체의 관계를 말이다."라고 했다.

먹는 일은 이렇듯 나 자신을 돌아보는 일이다. 내 앞에 놓인 음식이 어디서 어떻게 왔는지를 헤아리면서 나의 마음과 몸을 살피는 일이다. 먹을거리를 돌아보는 사람은 자기 자신에게 해로운 먹을거리를 고를 확률이 낮다. 먹을거리를 키워주는 사람들과 지구에 대해 무심하기도 어려운 것이다.

느림은 거식과 폭식 사이에서 위태로운 우리의 밥상과 몸에 평화를 가져다준다. 우울하거나 화가 난다면 무심코 과자봉지를 집어 들거나 초콜릿을 찾지 말고 나를 위로해줄 음식을 만들어보자. 천천히 음미하면서 음식을 삼키다 보면 포만감과 행복이 서서히 차오를 것이다.

# #
4장
티타임

1>
텀블러 파우치
&
컵받침 & 컵감싸개

2>
쉽게 만드는
스트링 파우치

3>
맞춤형 보관함
생리대 하우스

4>
굿바이 비닐봉지
에코백 & 백인백

1 > 컵받침&컵감싸개 & 텀블러 파우치

컵은 사소한 물건이지만, 'WITH A CUP'의 컵은 지구와 우리의 건강을 보살피는 중요한 물건입니다. 이제, 우리의 작은 '컵'으로 즐겁고 건강한 삶을 가꾸어볼까요?
'WITH A CUP' 캠페인은 편리와 풍요를 향해 과속 질주하는 우리를 돌아보기 위해 여성환경연대가 슬로 라이프 운동의 일환으로 제안한 캠페인입니다. 내 컵과 함께 즐거운 불편을 경험하면서 새로운 관계와 소통, 그리고 느린 시간의 유쾌함을 나눕니다.

내손으로 직접 만드는 컵받침과 컵감싸개, 텀블러 파우치를 통해 'WITH A CUP' 캠페인에 참여해 보세요. 컵받침과 컵감싸개는 자투리천을 활용해서 만들면 더욱 좋아요. 텀블러 파우치는 'WITH A CUP' 캠페인을 위해 재활용 전문 패션 기업 리블랭크에서 개발하여 기부해주신 작품이랍니다. 원래 현수막으로 만들도록 했지만, 메리야스지나 니트처럼 지나치게 잘 늘어나는 원단만 아니면 어떠한 원단이든 관계없이 재활용할 수 있어요.

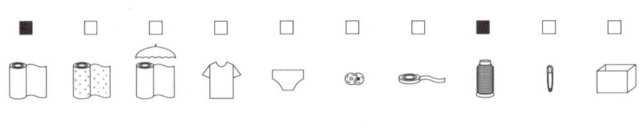

사이즈 : 지름 11 cm | 소요시간 : 30 min.

준비물 : 바느질 기본 도구, 무지리넨 1/4마, 수실

1 도안 그려 재단하기

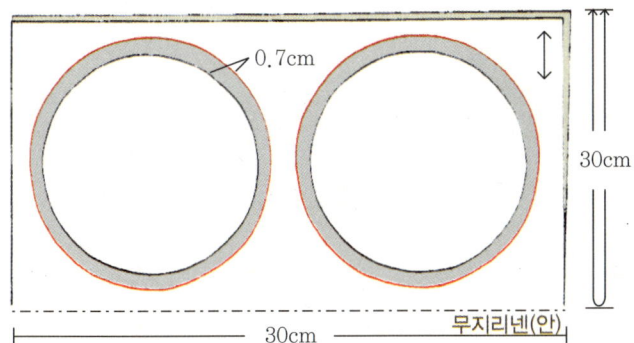

2 둘레 홈질

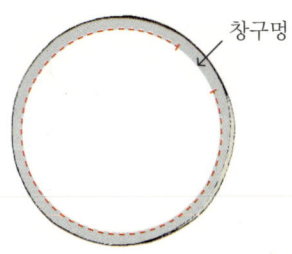

① 원단에 본을 대고 도안을 그린 후 시접 0.7cm를 두고 재단가위로 잘라요.
   (컵받침 두 개 분량)
② 창구멍을 5cm 남기고 둘레를 따라 홈질해요.

3 시접 잘라내기

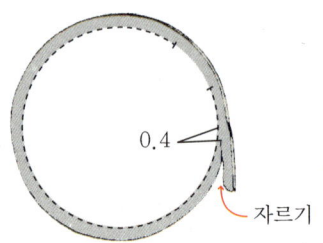

0.4

자르기

4 창구멍 막기

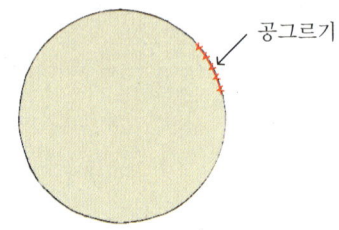

공그르기

5 둘레 홈질

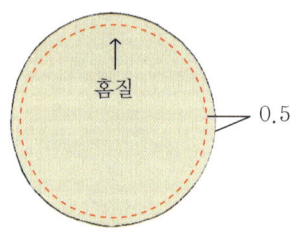

홈질

0.5

③ 완성선에서 0.4cm 정도 남기고 시접을 잘라요.

④ 창구멍으로 뒤집어 모양을 잘 잡고 공그르기로 창구멍을 막아요.

⑤ 0.5cm 안으로 들어가서 수실 세 겹으로 둘레를 따라 홈질해요.

사이즈 : 20(가)x25(세)cm | 소요시간 : 40 min.

준비물 : 바느질 기본 도구, 무지리넨 1/8마, 무늬리넨 1/8마

안감용 솜(4온스) 1/8마, 리본 15cm 4줄(1cm 폭)

1 도안 그려 재단하기 − 무지리넨 또는 융(A), 무늬리넨(B), 안감용 솜(C)

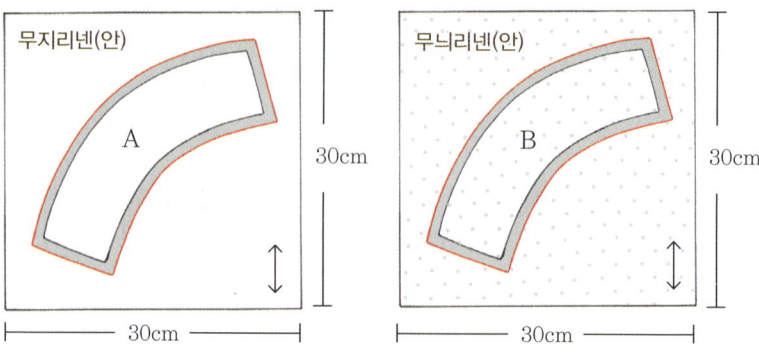

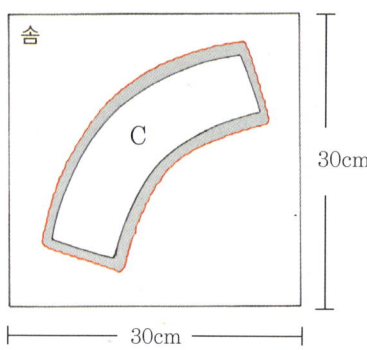

① 원단에 본을 대고 도안을 그린 후 시접 0.7cm를 두고 재단가위로 잘라요.
  (무지−리넨 또는 융, 무늬 리넨, 안감용 솜 − 총 3장)

2 둘레 홈질

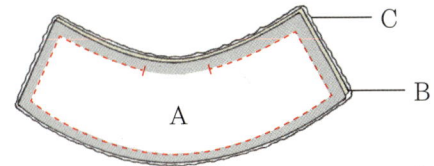

C

B

A

3 시접 정리 후 가위집 넣기

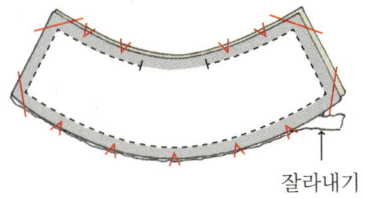

잘라내기

4 창구멍 공그르기

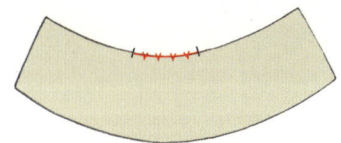

② A와 B를 겉면끼리 맞댄 후 B 아래에 C를 놓고 창구멍을 남겨두고 둘레를 홈질해요.

③ 완성선이 잘리지 않도록 0.4cm 정도만 시접을 남겨두고 잘라내요. 네 모서리는 삼각형 모양으로 한 번 더 잘라내고 곡선 부분에 2cm 간격으로 가위집을 넣어요.

④ 창구멍으로 뒤집어 모양을 잘 잡고 공그르기로 창구멍을 막아요.

5 리본 달기

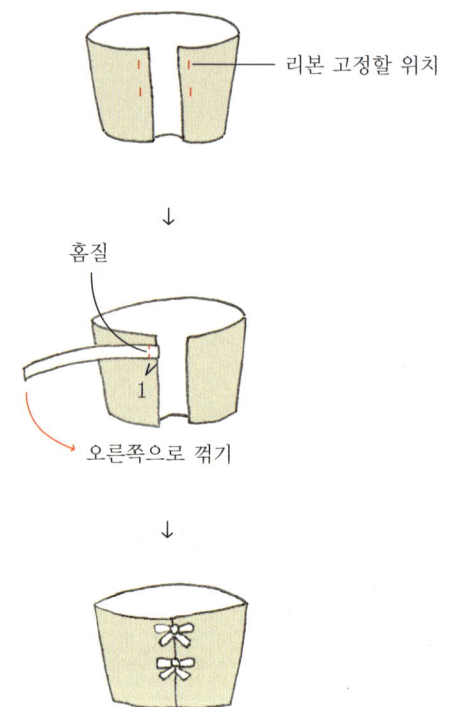

리본 고정할 위치

홈질

1

오른쪽으로 꺾기

⑤ 리본을 13cm 길이로 잘라 네 줄을 준비한 다음 위에서 0.5cm 들어간 옆선 끝부분
  에 리본을 달 위치를 표시해요. 그림과 같이 리본 한쪽 끝을 올린 다음 1cm를 남
  기고 홈질해서 고정해요. 나머지 리본도 컵 모양이나 손잡이 위치에 따라 적당한
  위치를 잡은 다음, 같은 방법으로 고정하고 마무리해요.

* 두꺼운 원단으로 만들 경우 솜을 넣지 않아도 돼요.
  컵 모양에 따라 감싸개의 모양을 다르게 만들 수 있어요. 위아래 둘레가 같은 컵은
  직사각형으로 재단해요.

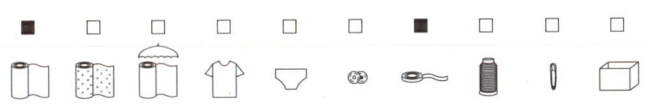

사이즈 : 13(가)x18(세)cm (끝부분 묶은 길이) | 소요시간 : 120 min.

준비물 : 바느질 기본 도구, 융 · 면 · 리넨 등 조각원단 1/4마씩 2장

면끈 40cm

1 도안 그려 재단하기

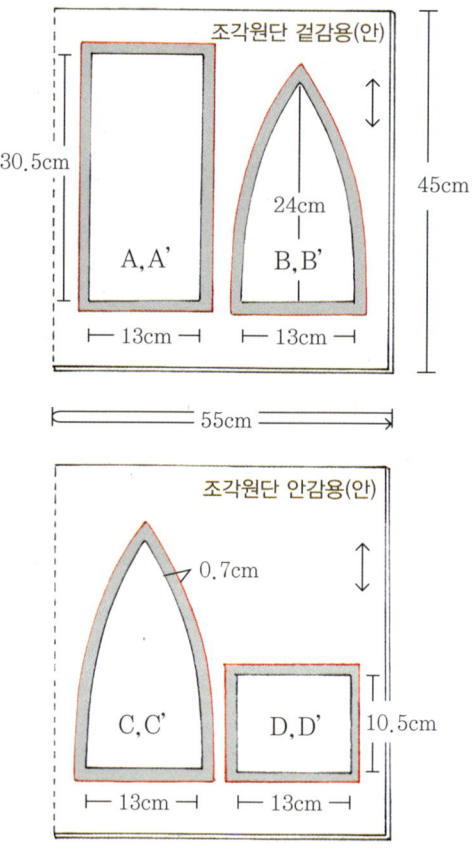

① 원단에 본을 대고 도안을 그린 후 시접 0.7cm를 두고 재단가위로 잘라요.

2 A, A'겹쳐 홈질 후 접기

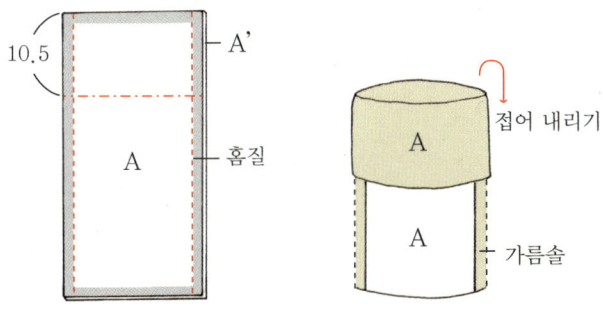

3 B, C 와 B', C'겹쳐 홈질 후 뒤집기

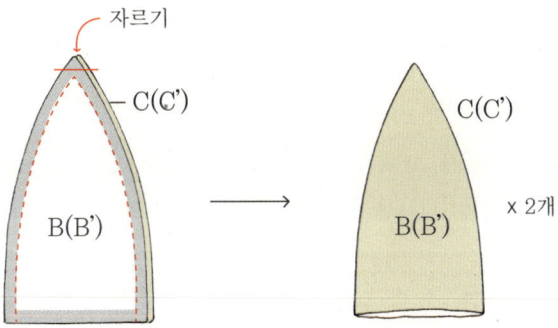

② A와 A'를 겉면끼리 맞대어 양쪽 옆선을 홈질하고 시접은 가름솔해요. 위에서 10.5cm 아래에서 윗단을 바깥쪽으로 접어요.

③ B와 C, B'와 C'를 각각 겉면끼리 맞대고 윗단 곡선부분을 빙 둘러 홈질해요. 맨 위 시접 끝부분을 삼각형 모양으로 자른 후 뒤집어요.

4 D, D'겹쳐 홈질0

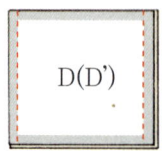

D(D')

5 모두 겹쳐 고정하기

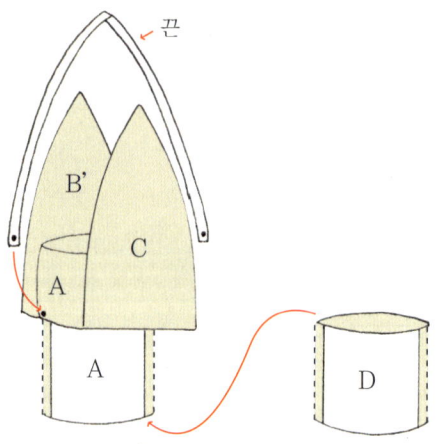

끈

B'

C

A

A

D

④ D와 D'를 겉면끼리 맞댄 후 양쪽 옆선을 홈질하고 시접은 가름솔해요.

⑤ ②의 접힌 부분 위에 C의 겉면이 바깥으로 보이도록 ③의 두 장을 포갠 후 그 사이
에 면끈을 끼우고 시침핀으로 고정해요. 그 위에 ④를 끼운 후 모양을 잘 맞춰 다시
핀으로 고정해요.

6 빙 둘러 홈질

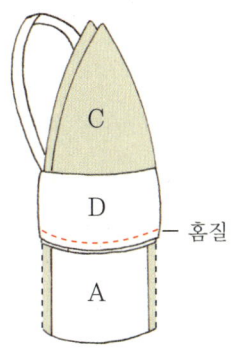

홈질

7 아랫단 홈질

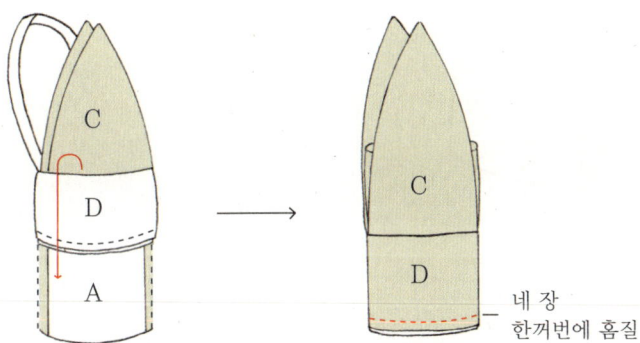

네 장
한꺼번에 홈질

⑥ 원단과 면끈이 모두 겹쳐진 가운데 시접 부분을 빙 둘러가며 홈질해요.

⑦ D를 아래로 뒤집어 내린 후 그림과 같이 아랫단을 홈질해요.

8 양쪽 옆선 홈질 후 뒤집기

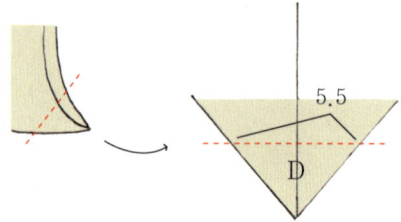

9 A 윗부분 접어내리기

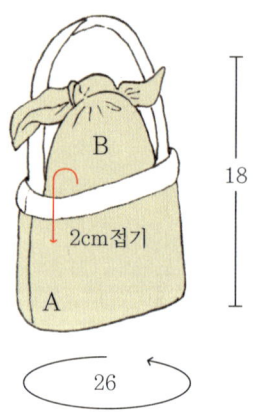

⑧ 아랫단 양쪽 옆선을 밑선과 만나도록 삼각형 모양으로 접은 후 밑선이 5.5cm가 되도록 양쪽을 홈질한 후 뒤집어요.

⑨ A의 윗단을 2cm 정도 접어요. 텀블러를 넣은 후 B의 끝부분을 가볍게 묶어 사용하세요.

※ 만드는 방법은 리블랭크 디자이너 윤진선님의 도움을 받았습니다.

'WITH A CUP' 캠페인

나만의 개성을 담아

편리함을 추구하다보면 종이컵을 쓰지 않겠다는 다짐도 잊혀집니다. 'WITH A CUP' 캠페인은 '너무 바빠서' 혹은 '종이컵이 더 간편해서' 라는 이유로 미루어 두었던 내 컵을 다시 찾는 캠페인입니다. 이왕이면 나만의 개성이 드러나는 멋지고 튼튼한 컵을 준비하세요. 각자 다른 모양의 컵들이 즐거운 마음으로 만나는 멋스러운 문화입니다.

자연을 배려하는 마음으로

'지구의 모든 종이컵과 PET병 사용을 금지한다!' 이런 구호가 내일 당장 실현된다면 좋겠지요. 그러나 이것도 천천히. 일회용 컵 대신 자기 컵을 사용하자는 'WITH A CUP' 캠페인은 자연의 속도에 맞추어 스스로가 변하기를 기다리는 것입니다. 이렇게 자연을 배려하는 마음을 나누다보면 'WITH A CUP'은 어느새 습관이 되어 있을 거예요.

함께하는 작은 실천

'WITH A CUP' 캠페인에는 다화계 인사들이 참여하고 있습니다. 강산에(뮤지션), 김남길(배우), 김남희(도보여행가), 김풍(만화가), 나난(아티스트), 남규리(배우), 박경철(시골의사), 박시연(배우), 변정수(모델&배우), 빈도림 부부(빈도림꿀초), 심은경(배우), 오기사(건축가), 오세정(배우), 아이앤아이장단(뮤지션), 양익준(영화감독), 이문세(뮤지션), 이상은(뮤지션), 이영진(모델&배우), 이인성(배우), 이천희(배우), 이태란(배우), 이한철(뮤지션).

'WITH A CUP' 캠페인 블로그 blog.naver.com/withacup
네이버 갤러리N 온라인 전시공간 photo.naver.com/galleryn/100

2 > 쉽게 만드는 스트링 파우치

크리스마스는 사랑과 감사를 나누는 즐거운 날입니다. 하지만 그 다음날 우리의 사랑과 감사가 쓰레기가 되어 어디론가 버려진다고 생각해본 적 있나요? 크리스마스트리와 선물포장, 빈병과 캔, 어마어마한 양의 에너지와 자원이 연말연시에 버려지고 있습니다.

그렇다고 우울해 할 필요는 없지요. 에너지와 자원을 적게 사용하고도 즐겁게 사랑과 감사를 전할 수 있는 'Green Christmas'가 있습니다.

그린 크리스마스를 위한 일곱 가지 방법!

1. Green decoration – 전깃불을 끄고 촛불을 켜세요.
2. Green party – 외식보다 손수 만든 음식을 차려보세요.
3. Green gift 1 – 정성을 담아 직접 만든 선물을 준비하세요.
4. Green gift 2 – 책장과 옷장에서 잠자고 있는 물건을 선물하세요.
5. Green gift 3 – 착한 소비, 공정무역 상품을 구입하세요.
6. Green gift 4 – 어려운 이웃을 위해 후원하세요.
7. Green card – 손으로 만든 카드로 마음을 전하세요.

스트링 파우치는 나만의 선물을 예쁘게 담을 수 있는 파우치에요. 자투리 천을 이어 붙여 만들면 멋진 파우치로 변신한답니다. 지구를 생각하며 한 땀 한 땀 바느질로 뜻깊은 날을 준비해 보는 건 어때요?

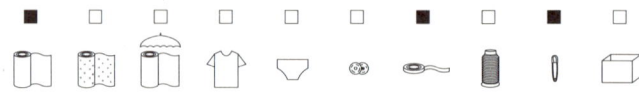

사이즈 : 15(가)x18(세)cm | 소요시간 : 30 min.

준비물 : 바느질 기본 도구, 리넨 17x42 cm, 면끈 100 cm, 옷핀

1 재단하기

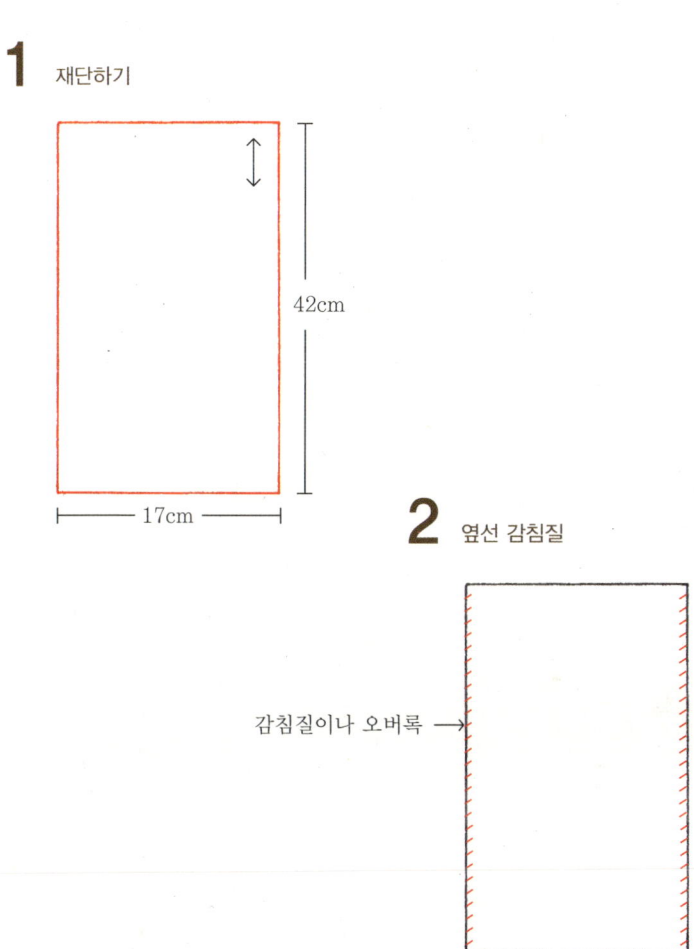

42cm

17cm

2 옆선 감침질

감침질이나 오버록 →

① 원단을 크기에 맞춰 재단가위로 잘라요.
② ①의 옆선을 감침질이나 오버로크로 정리해요.

3 옆선 홈질

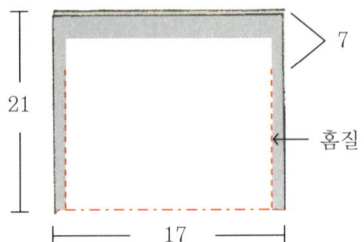

4 시접 가름솔

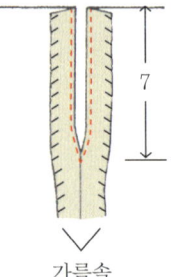

5 시접 접어 홈질

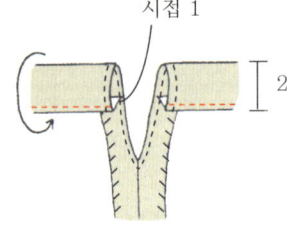

③ 긴 쪽을 반으로 접어 양쪽 옆선에 시접 1cm를 남기고 완성선을 그려 홈질해요. 끈을 끼울 공간을 위해 위쪽 7cm는 남겨두세요.

④ 시접을 가름솔하고, 위쪽 7cm 부분의 벌어져 있는 곳을 그림과 같이 홈질해요.

⑤ 윗단 시접을 1cm 접고 다시 2cm 접어 다림질해요. 접혀진 부분이 고정되도록 그림과 같이 시접 아랫단을 홈질해요.

6 끈 끼우기

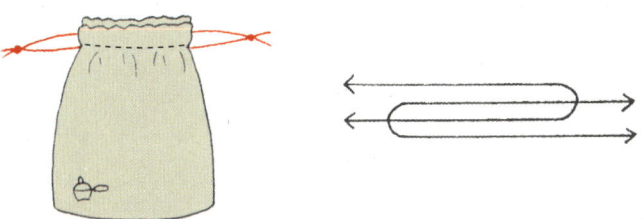

⑥ 끈을 50cm 길이로 두 줄 준비한 다음 옷핀에 끼워 그림과 같이 넣고 끝을 매듭지어요.

MINI tip!!
파우치 용도별 원단 크기

용도	원단 사이즈 (가로x세로)cm
A4 서류 및 노트	30 x 70
중형 생리대 3~4개	20 x 40
중·소형 생리대 2~3개	12 x 35
필기구	10 x 50
mp3 플레이어	10 x 25
화장품	15 x 40

3 > 맞춤형 보관함
생리대 하우스

1992년 시작된 '아무것도 사지 않는 날'(Buy Nothing Day) 캠페인은 캐나다의 테드 데이브가 시작한 반소비 캠페인입니다. 광고인이었던 그는 '광고가 사람들로 하여금 끊임없이 무엇인가를 소비하게 만든다.'는 문제의식을 갖고 캠페인을 시작하여 소비와 소유에 대해 생각해보도록 했습니다.

<u>이 캠페인은 물건을 사기 전 다음과 같은 질문을 던져보라고 합니다.</u>
△나는 진정 그것을 원하는가? △나는 그것이 정말로 필요한가? △ 직접 만들 수는 없는가? △지금 가지고 있는 것들을 재사용, 수선 또는 재활용할 수 있는가?

<u>만약 꼭 필요해서 구매해야 한다면 다음 내용을 점검해보아야 합니다.</u>
△지역에서 생산된 것을 살 수 있는가? △공정한 무역을 통해 생산된 제품인가?
△그 물건을 다른 이들과 공유할 수 있는가? △더 나은 도덕상의 대안은 없는가?

법정 스님은 '무소유'를 설명하면서 "크게 버리는 사람만이 크게 얻을 수 있다. 아무것도 갖지 않을 때 비로소 온 세상을 갖게 된다는 것은 무소유의 또 다른 의미다."라고 했습니다. 일 년에 하루, 아무 것도 사지 않는 날을 정해 당연하게만 받아들였던 우리의 소비에 대해 생각해보는 건 어떨까요?

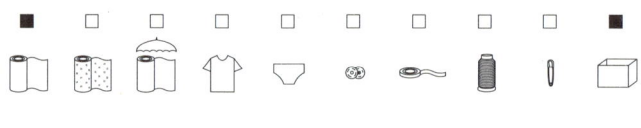

사이즈 : 22.5(가)x9(세)x8(높)cm | 소요시간 : 30 min.

준비물 : 바느질 기본 도구, 무지리넨 1/4마, 종이 상자

1 재단하기

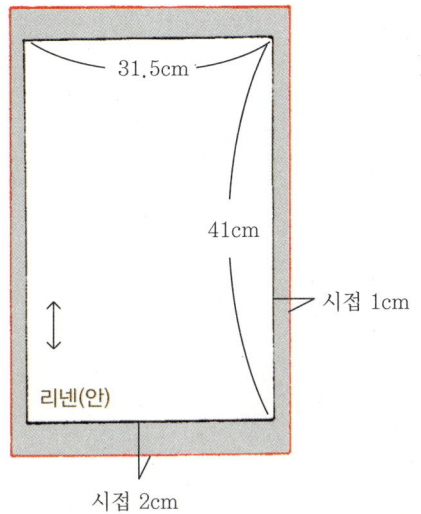

31.5cm

41cm

시접 1cm

리넨(안)

시접 2cm

※ 가로 22.5 x 세로 8 x 너비 9 상자기준

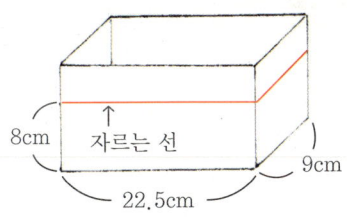

8cm

자르는 선

9cm

22.5cm

① 원단을 상자 크기에 맞춰 재단가위로 잘라요.
   원단 크기 계산법 : 상자의 둘레÷2 (가로) / (높이x4)+바닥 (세로)
   ※ 생리대 보관 용도로 쓸 때 상자의 높이는 8cm 정도가 적당합니다.

2 양 옆 홈질

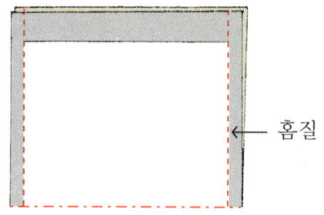

홈질

3 바닥 부분 홈질

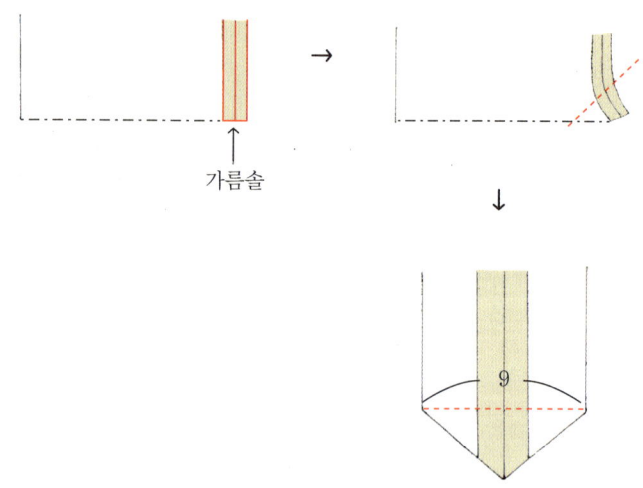

가름솔

9

② 긴 쪽을 반으로 접어 양 옆을 홈질해요.

③ 양쪽 바닥을 그림과 같이 놓고 끝부분이 9cm가 되도록 홈질해요.

4 윗단 시접 홈질

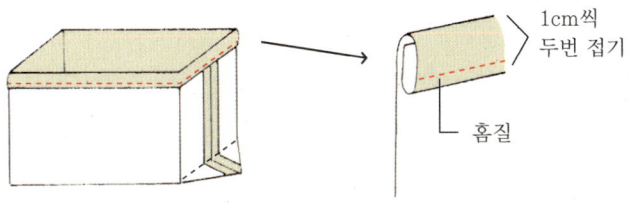

1cm씩
두번 접기

홈질

5 상자에 씌워 마무리

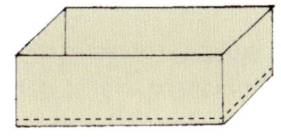

④ 윗단 시접을 안쪽으로 1cm씩 두 번 접어 시접 아랫단을 빙 둘러 홈질해요.

⑤ ④를 안쪽이 상자에 닿도록 바닥을 잘 펴고 남은 윗부분을 상자 바깥으로 씌워요.

tip!!
건강한 지구를 위한 작은 실천

샤워는 짧게

샤워 시간을 2분만 줄이면 약 24L의 물을 절약할 수 있다.

종이컵 분리수거

95% 이상의 종이컵이 재활용되지 않고 버려진다. 하루 동안 우리나라에서 버려지는 종이컵은 30년생 소나무 41.5그루에 해당하는 양이다. 어쩔 수 없이 종이컵을 썼다면, 절대로 구기지 말고 전용 수거함에 잘 모아 재활용하자. 일회용 종이컵 65개로 재생휴지 1롤을 만들 수 있다.

PET병 대신 텀블러

PET병을 소각하면 유독가스가 발생하고, 땅에 묻어도 완전히 썩기까지는 100년 이상 걸린다. 종이컵과 PET병 대신 텀블러를 가까이 하자. 숲이 덜 사라지고, 탄소가 덜 발생된다.

굿바이 나무젓가락

한 사람당 1년에 약 200개의 나무젓가락을 사용한다. 나무젓가락은 분해되는 데 20년이 넘게 걸리고, 만드는 과정에서 각종 유해물질이 첨가되어 건강에도 좋지 않다. 개인젓가락을 휴대해서 사용하면 환경에도 좋고 건강에도 좋다.

먹을 만큼 적당히

하루 동안 버려지는 음식물 쓰레기는 8톤 트럭 1,670대 분, 1만 3,000톤이 넘는다.(2006년 기준) 음식 재료는 먹을 만큼만 구입하고, 음식물을 남기지 않도록 한다.

TV 시청 줄이기

하루 1시간씩 TV 시청을 줄인다면 1대당 연간 24kWh를 절약할 수 있다. 2009년 우리나라 가구 수는 약 1,691만 가구인데, 한 가구에서 하루 한 시간씩 TV 시청을 줄이면 연간 약 405,840MWh의 전력 사용량을 줄일 수 있고, 이를 금액으로 환산하면 약 264억원이 절약되는 셈이다.

멀티탭 사용하기

대기전력으로 낭비되는 전력이 전체 전력의 10%가 넘는다는 놀라운 사실! 멀티탭을 활용하여 쓰지 않을 때 전원을 차단하면 전기요금이 줄어든다.

재생종이를 써요

폐지 1톤을 재생종이로 만들면 대기오염 74%, 수질오염 35%, 공업용수 58%, 석유 1,500L, 전기 4,200kWh, 물 28톤, 쓰레기 매립지 1.7m²를 줄이고 30년생 나무 20그루를 살린다.

4 > 에코백&백인백

굿바이 비닐봉지

'에코백'은 영국의 디자이너인 아냐 힌드마치가 2007년 한 패션쇼의 맨 앞자리에 앉은 배우와 모델에게 "I'm not a plastic Bag"이라고 씌여진 가방을 나누어주면서 알려지게 되었습니다. 힌드마치의 깜짝이벤트 덕분에 에코백은 환경에 대한 의식과 함께 패션 감각을 지닌 여성들의 트레이드 마크가 되었지요. 영국에서는 한정판 에코백을 사기 위해 사람들이 새벽부터 줄을 서서 기다릴 정도로 인기를 끌었습니다. 곧이어 도쿄, 홍콩, 뉴욕으로 퍼져나갔고 우리나라에서도 연예인이 드라마에서 선보인 이후 지금은 갖가지 모양의 에코백을 볼 수 있게 되었지요.

에코백은 비닐봉지 사용을 줄이기 위해 만든 가방입니다. 종이봉투를 사용하던 상점에서 비닐봉지를 사용하기 시작한 것은 그리 오래지 않습니다. 석유를 가공해서 만드는 비닐봉지는 우리나라에서만 한 해 약 150억 장이 쓰인다고 해요. 잠깐 사용하고 버려지는 비닐봉지는 태우거나 땅에 묻어 처리하는데, 태우면 맹독성 환경호르몬인 다이옥신이 나오고, 땅에 묻으면 500년 동안 썩지 않는다고 합니다.

내손으로 직접 만드는 에코백과 백인백을 소개합니다. 좋아하는 색상의 원단을 고르고 자수를 넣어 세상에 하나뿐인 에코백을 만들어 보세요. 가방 정리를 도와주는 백인백도 설명을 따라 쉽게 만들 수 있어요.

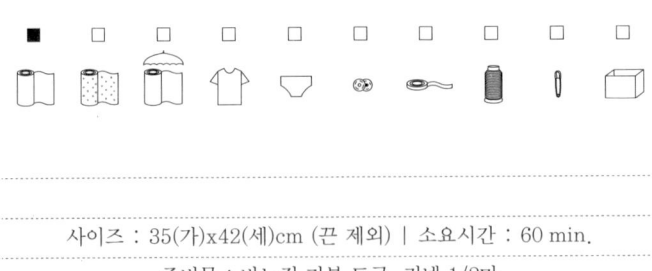

사이즈 : 35(가)x42(세)cm (끈 제외) | 소요시간 : 60 min.

준비물 : 바느질 기본 도구, 리넨 1/2마

1 재단하기

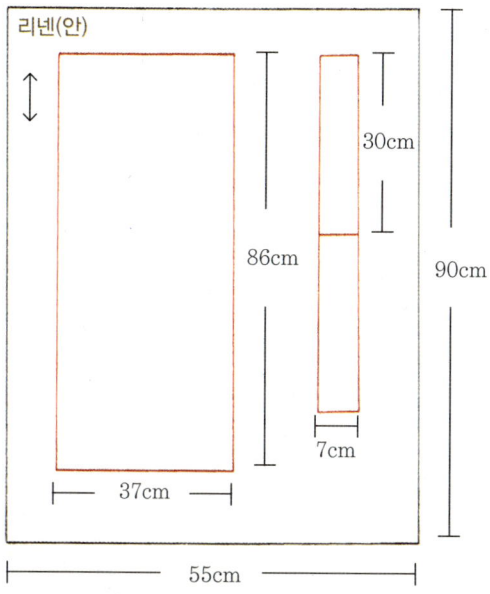

① 원단을 크기에 맞춰 재단가위로 잘라요.
　가방 몸판 37cm × 86cm – 1장 / 손잡이용 짧은 끈 7cm × 30cm – 2장
　※ 어깨에 맬 수 있는 긴 끈을 달 경우 7cm × 55cm – 2장

2 옆선 홈질하고 감침질

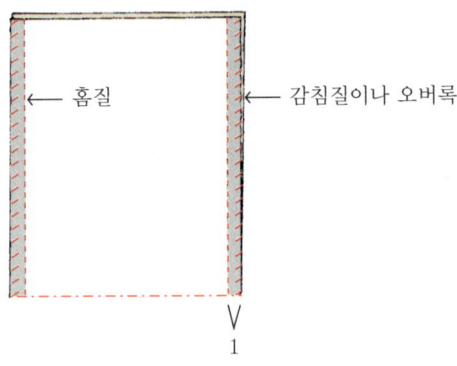

← 홈질   ← 감침질이나 오버록

V
1

3 윗 부분 접어 다림질

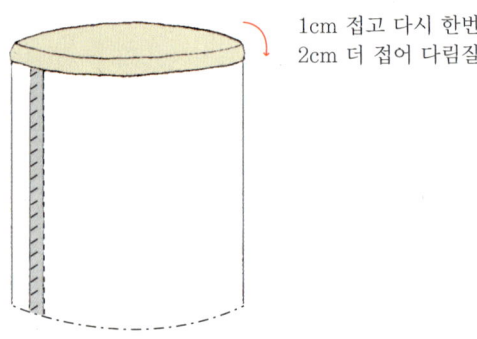

1cm 접고 다시 한번
2cm 더 접어 다림질

② 86cm 긴 쪽을 반으로 접고, 양쪽 옆에 시접 1cm를 남기고 그림과 같이 홈질해요.
  두 겹을 함께 겹쳐서 감침질하거나 오버로크합니다.

③ 시접을 한쪽으로 보낸 다음, 윗면을 1cm 안쪽으로 접고 2cm 더 접어 다림질합니
  다.

4 끈 준비

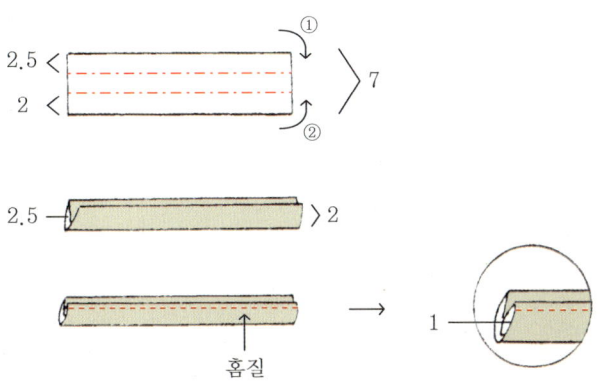

홈질

5 끈 끼워넣기

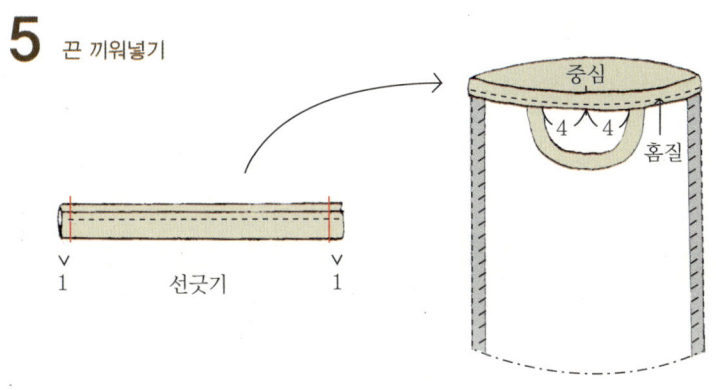

선긋기

중심

홈질

④ 끈을 길이로 2.5cm 접고 아래쪽을 2cm 접어 위 2cm를 1cm 안으로 접어넣고 다림질해요. 접혀진 선을 따라 홈질해요.
 ※ 긴 끈을 달 경우 55cm 길이의 끈을 위와 같은 방법으로 만들어요.

⑤ 끈 양쪽에서 1cm 들여 선을 그려요. 가방 위 접혀진 부분 중심에서 양쪽으로 4cm 떨어진 부분에 끈을 꼬이지 않도록 해서 그려진 선까지 끼워 넣어요.
 ※ 긴 끈을 달 경우 중심에서 양쪽으로 6cm 떨어진 곳에 끈을 고정시켜요.

6 손잡이 고정하기

위에서 1.5cm
들어간 선을 홈질

⑥ 손잡이가 고정되도록 윗단에서 1.5cm 안으로 들어가 둘레를 따라 홈질해요.

사이즈 : 19(가)x17(세)cm (끈 제외) | 소요시간 : 120 min.

준비물 : 바느질 기본 도구, 무지리넨 1/2마, 무늬리넨 1/2마

똑딱단추, 십자수실

1 도안 그려 재단하기

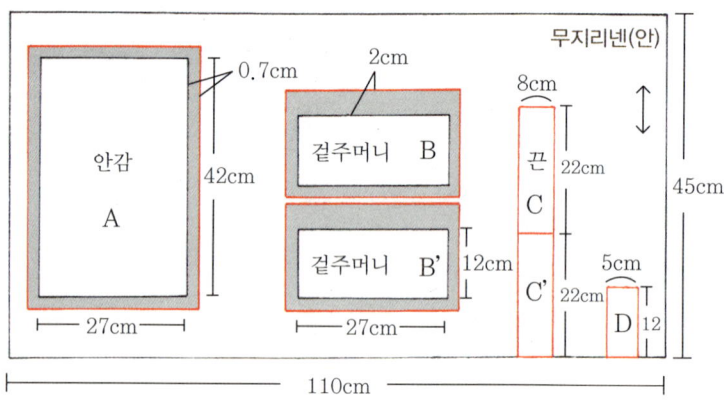

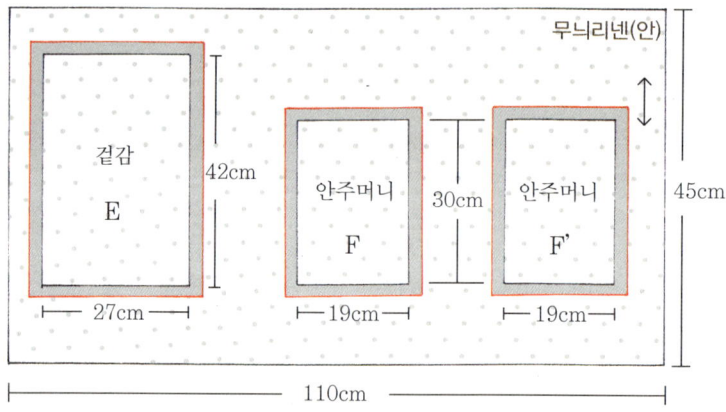

① 원단을 크기에 맞춰 재단가위로 잘라요.
　(시접 0.7cm / B의 위쪽 시접 2cm / C,D는 시접없이)

2 끈 만들기

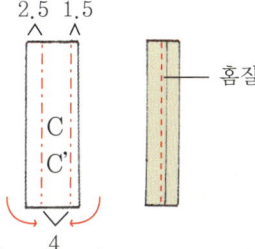

홈질

3 고리 만들어 뒤집기

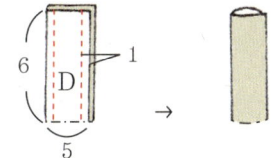

4 안주머니 만들기

고리 끼우기

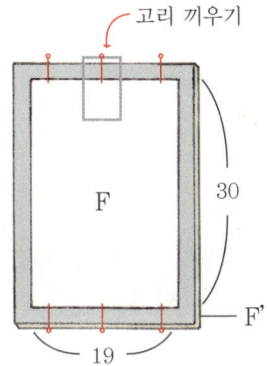

② C의 한쪽 끝을 2.5cm 접어 넣고, 반대쪽 끝은 1.5cm로 접어 넣은 다음, 2.5cm 접은 쪽이 위로 오게 해서 홈질해요. C'도 똑같이 작업해서 완성해요.

③ D의 긴 부분을 절반으로 접고, 양쪽에서 1cm 안쪽으로 완성선을 그어 선을 따라 홈질해요. 뒤집어 고리모양으로 만들어요.

④ F와 F'를 겉면끼리 맞대어 ③을 위쪽 가운데 부분에 시접이 위로 오게 끼우고 시 침핀으로 고정해요.

5 위 아래 홈질

6 뒤집기

고리

안주머니

7 겉주머니 윗단 홈질

1cm씩 두번 접기

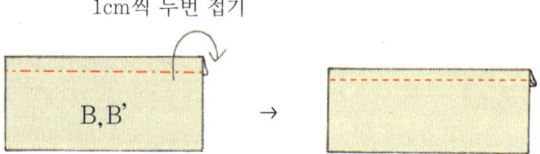

B, B'

→

⑤ 위 아래 완성선을 따라 양쪽을 홈질해요.

⑥ 뒤집은 다음 모양을 잘 정리해요.

⑦ B와 B'의 긴 쪽을 안쪽으로 1cm 접고, 다시 한 번 1cm 안으로 접은 다음 자수실을 사용해서 홈질해요.

8 아랫단 접기

9 겉주머니 고정하기

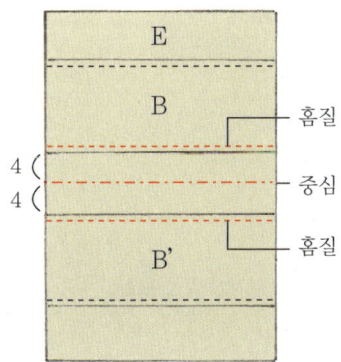

10 겉주머니 홈질로 나누기

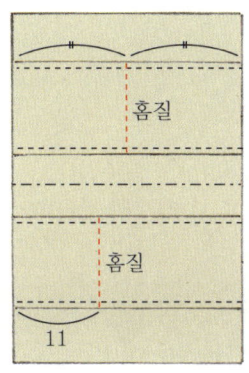

⑧ ⑦에서 홈질하지 않은 B와 B'의 아랫단을 1cm 안으로 접어요.

⑨ E를 겉면이 위로 오게 둔 다음 긴 쪽으로 절반을 접어 가운데를 표시해요. 가운데
　를 중심으로 각각 4cm 떨어져 B와 B'의 1cm 접힌 부분을 맞추어 올린 다음, 그림
　과 같이 홈질해서 고정시켜요.

⑩ B의 가운데를 홈질해서 주머니를 두 개로 나눠요. B' 는 한쪽 끝에서 11cm 안쪽
　으로 선을 그은 다음 홈질해서 작은 주머니를 만들어요.
　※ ⑧~⑩번 과정은 자수실을 사용하세요.

11 양 옆 홈질 후 가름솔

12 겉가방 밑선 홈질

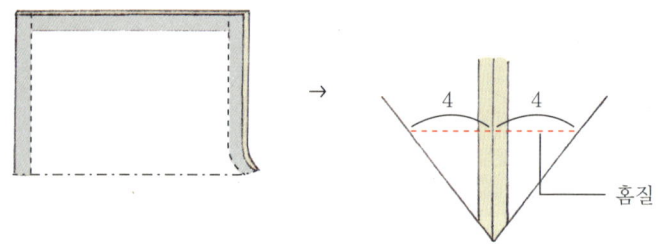

⑪ ⑩을 겉면끼리 맞대어 접고, B와 B'의 위치를 잘 맞추어 시침핀으로 고정해요.
　양옆을 홈질한 다 로 나눠 가름솔해요.

⑫ 가방 밑선과 옆선이 직선으로 만나도록 삼각형으로 접어 옆선과 직각이 되도록 양
　쪽으로 4cm 선을 긋고 선을 따라 홈질한 다음 뒤집어요.

13 안주머니 고정하기

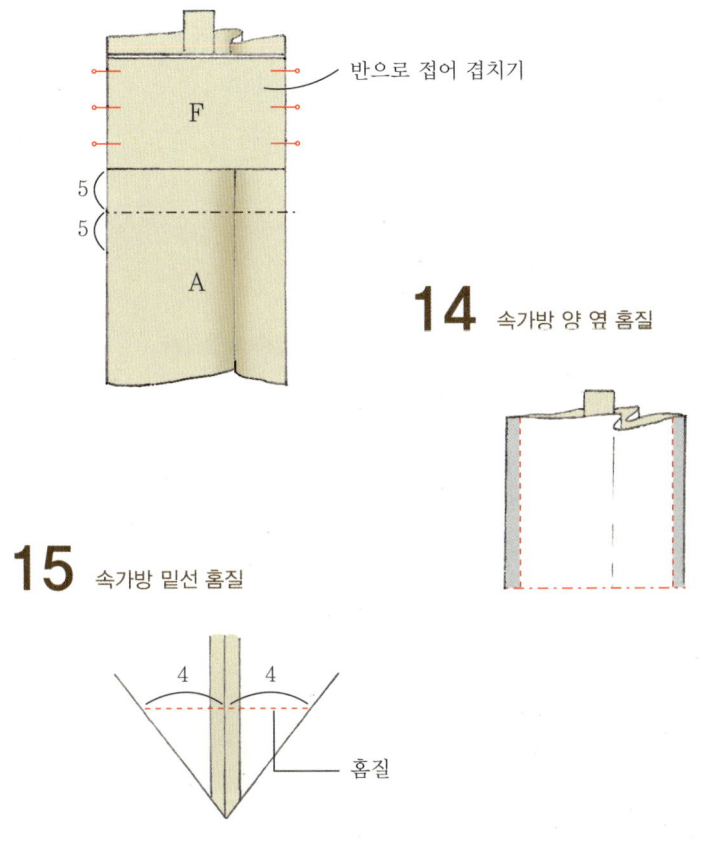

반으로 접어 겹치기

F

5
5

A

14 속가방 양 옆 홈질

15 속가방 밑선 홈질

4   4

홈질

⑬ A의 겉면을 위로 오게 해서 긴 쪽으로 절반을 접어 가운데를 표시해요. ⑥의 긴 쪽
을 절반으로 접어 A의 가운데에서 5cm 떨어진 안쪽 위에 올리고 시침핀으로 고정
한 다음, A의 양옆과 너비를 잘 맞춰 놓아요.

⑭ A를 반으로 접어 ⑥이 덮이게 하고, 양쪽 옆을 시침핀으로 고정한 후 홈질해요.

⑮ 가방 밑선과 옆선이 직선으로 만나도록 삼각형으로 접어 옆선과 직각이 되도록 양
쪽으로 4cm 선을 긋고 선을 따라 홈질한 다음 뒤집어요.

16 윗단 접어 다림질

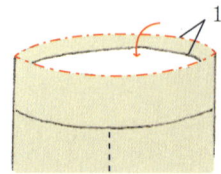

17 양쪽에 선긋기

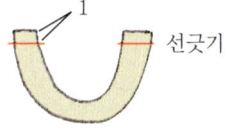

18 끈 고정하기

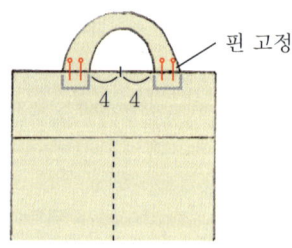

⑯ ⑫와 ⑮의 윗단을 1cm를 안쪽으로 접어 다림질해요.

⑰ C와 C' 끝 양쪽에 1cm씩 선을 그려요.

⑱ ⑫의 윗단 가운데에서 양쪽으로 4cm씩 떨어진 곳에 각각 C와 C'의 끝부분을 시침 핀으로 고정해요.

19 합쳐서 홈질

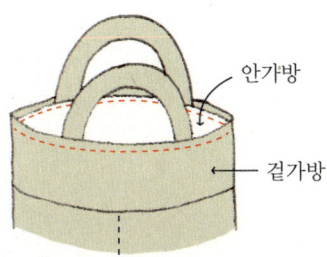

안가방

겉가방

⑲ ⑮의 안쪽과 ⑫의 안쪽이 맞닿도록 해서 ⑮를 ⑫안으로 넣어요. 옆선을 잘 맞춰
둘레를 고정한 다음, 끈 부분을 포함해서 윗단을 빙 둘러 홈질해요.
※ 고리 끝과 안주머니의 고리 닿는 부분에 똑딱단추를 달면 완성돼요.

캔들나이트 : 불을 끄고 별을 켜는 밤

"엄마, 밤하늘에 별이 저렇게나 많았어요?"
"전등을 끄고 촛불을 켜니까 마음이 편안해지고 사람들도 더 아름다워 보여요."
"주변이 조용해지니, 숨조차 천천히 쉬어지는 것 같아요."

'캔들나이트'는 전등을 끄고 촛불을 켬으로써 바쁘게 살아가는 현대인에게 삶의 여유를 주고 자연의 속도에 맞춰 생각하는 계기를 마련하자는 취지로 시작되었다.

2001년 미국의 에너지 정책에 반대하는 '어둠의 물결' 운동으로 시작되었는데, 일본에서 '캔들나이트'로 부르면서 슬로 라이프 운동으로 이어져 오고 있다. 현재 17개국에서 진행되고 있으며, 한국에서는 2005년 6월 여성환경연대의 대안 문화 캠페인으로 시작되었다.

'캔들나이트'는 '플러그를 뽑고 한 박자 천천히'라는 구호 아래, 한 달에 한 번씩 자연의 속도에 맞춰 생각해보는 계기를 마련하자는 대안문화운동이다. 지구온난화와 CO_2 감축을 위한 구체적인 삶의 행동으로, 문명의 플러그를 뽑고 잠시나마 기계화된 세계와의 연결고리를 끊음으로써 시간과 행동의 주인이 되자는 것이다.

플러그를 뽑고 한 박자 천천히

'느림'은 시계 초침처럼 바쁘게 돌아가는 일상에 적응할 능력이 없다는 걸 뜻하지 않는다. '느림'은 시간을 급하게 다투지 않고 시간의 재촉에 떠밀려가지 않겠다는 단호한 결심이다. '느림'은 시간을 중단시키는 게 아니라 시간과 조화를 이루는 것이다. '느림'은 한없이 부드럽고 배려 깊은 삶의 방식이다. '느림'은 삶의 길을 가는 동안 나 자신을 잊지 않고 주변을 돌아보며 함께 더불어 살아가겠다는 확고한 의지인 것이다.

그동안 자신의 숨소리를 들을 겨를도 없이 바쁘게 살아왔지만, 우리에게 남은 것은 무엇인가. 매연으로 가득한 도시에서 하루가 다르게 오르는 물가를 따라 잡기에도 벅찬 게 현실이다.

이제 우리는 지금까지의 삶의 방식을 바꿔야 할 필요가 있다. 얼마나 빨리 일을 '해치웠느냐'가 아니라, 얼마나 그 일을 정성스럽게 '완성했느냐'를 따져보아야 한다. 문을 여닫는 일, 편지를 쓰는 일, 정성스럽게 손을 내뻗는 일, 집중하여 주의를 기울이는 일 등, 사소해 보이는 일들을 소중하게 인정하고 정성스럽게 완성해야 한다.

'느림'은 그 자체로 가치를 갖는 일은 아니다. 그러나 '느림'을 알게 되면, 신중하게 생각하고 신중하게 행동하는 것을 배우고, 전등을 끄고 촛불을 밝힘으로써 세상에 감추어져 있는 소중한 것들과 만날 수 있다.

시골에 대한 추억이 있는 사람이라면, 밤하늘에 빛나는 별과 반딧불이만으로도 가슴이 환해지던 기억이 있을 것이다. 그때 느꼈던 기분은 자연과 사람이 서로 속도를 맞추어서 이루어낸 편안함과 황홀경인 것이다. 한 달에 한 번쯤은 그러한 느림의 미학을 실천하여 우리 아이들에게도 숨겨진 삶의 아름다움을 맛보게 하자.

캔들나이트 운동에 동참하기

_ 캔들나이트는 속도 중심의 석유문명에 의존한 생활을 성찰하는 문화운동입니다.

_ 매월 마지막 주 금요일 저녁 8시부터 2시간 동안 플러그를 뽑고 촛불을 켭니다.

_ 일년 중 낮이 가장 긴 하지와, 밤이 가장 긴 동지 저녁에 2시간 동안 전 세계인과 함께 플러그를 뽑고 촛불을 켭니다.

밀랍초 만들기

준비물 : 밀랍 덩어리, 용기, 심지실, 고정핀, 펜치, 온도계

_ 밀랍 100g으로 소주잔 크기의 밀랍초 2개를 만들 수 있어요.
_ 초를 담을 용기로 안 쓰는 소주잔이나 유리컵, 계란껍질 등
  주변 재료를 모아 재활용하면 더욱 좋겠지요.

① 밀랍을 주전자에 넣고 약한 불에 중탕해요.
② 기포를 없애기 위해 심지실을 밀랍에 담궜다 빼요.

③ 펜치를 이용해서 고정핀에 심지를 붙인 후 용기 바닥에 고정핀을 놓아요.
④ 65℃로 데운 밀랍을 용기에 천천히 붓고 식혀요.

\#
바
느
질

수
업

1교시. 원단 | 원단의 종류, 원단의 단위, 원단의 두께, 식서 방향, 선세탁
2교시. 도구 | 재단가위, 작은가위, 실, 바늘, 시침핀, 자, 연필, 수성펜, 초크
3교시. 바느질 | 홈질, 박음질, 반박음질, 공그르기, 감침질, 매듭짓기
4교시. 노하우 | 도안 그리기, 바이어스 만들기, 곡선 바느질하기, 똑딱단추 달기

1. 원단의 종류

융
면에 기모를 낸 원단. 부드럽고 흡수력이 뛰어나다.

방수천
방수 가공된 원단. 등산복, 우의 등 방수기능이 있는 옷을 재활용할 수 있다.

타올지
흡수력이 뛰어난 면. '수건천'으로 알려져 있다. 두께와 신축성에 따라 종류가 다양하다. '테리타올지'는 올이 얇고 부드러워 핸드메이드 생리대의 안감으로 많이 사용한다.

리넨
아마의 실로 짠 얇은 직물. 가방, 옷을 만들 때 많이 쓰이며, 자연스러운 느낌을 준다. 모양과 종류가 다양해서 면 생리대의 바깥쪽 면에 사용하면 다양한 색감과 패턴을 표현할 수 있다.

메리야스지
얇고 신축성이 뛰어난 면. 속옷이나 얇은 겉옷 용도로 쓰인다. 다이마루 원단이라고도 한다.

2. 원단의 단위

원단 1마의 규격은 가로 110cm x 세로 90cm가 일반적이다. 원단에 따라 가로의 길이는 90~150cm까지 다양하다. 1마 단위로 판매한다. 퀼트 원단의 경우 1/2마, 1/4마로 잘라 판매한다.

3. 원단의 두께

원단의 두께를 구별할 때 '수'라는 단위를 쓴다. 수는 실의 굵기를 표시하는 단위로 1g의 원료를 가지고 실을 30m 뽑으면 30수, 100m를 뽑으면 100수라고 한다. 수가 올라갈수록 더 얇고 부드러워진다.

4. 식서 방향

원단의 올이 풀리지 않는 쪽, 원단을 당겼을 때 잘 늘어나지 않는 세로 방향이 식서 방향이다. 이 책에서는 ↕로 표시했다. 원단에 본을 그리거나 재단하기 전에 반드시 식서 방향을 알아야 원단이 뒤틀리거나 늘어나지 않는다.

5. 선세탁

융을 비롯한 면 재질 원단은 세탁한 후 줄어들기 때문에 만들기 전에 세탁을 해두어야 한다. 수축성이 약한 타올지나 방수천은 선세탁이 필요하지 않다. 다만 가공 단계에서 각종 유해한 물질로 오염될 수 있으니 사용하기 전에 세탁을 해야 한다.

선세탁을 하는 방법은
① 물에 푹 잠기게 해서 30분 정도 원단을 담가둔다.
② 2~3번 헹군 다음 햇볕을 피해 평평하게 펴서 잘 말린다.
③ 다림질해서 구김을 없애고 뒤틀린 원단을 바로 잡는다.

재단가위

원단을 자르는 가위. 다른 용
도로 사용할 경우 날이 상하게
되므로 반드시 원단을 자를 때
에만 사용한다.
길이 15cm 이상의 큰 가위로
준비하는 게 좋다.

작은가위

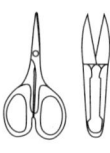

실밥을 정리하거나 가위집을
낼 때처럼 작은 부위를 자를
때 사용한다.
실물본을 옮겨 그린 종이를 자
를 때는 일반 문구용 가위를
쓰면 된다.

실

면사 : 가장 널리 쓰이며, 재
봉틀용으로도 많이 쓰인다. 퀼
트실보다 내구성은 약한 편이
지만 가격이 저렴하고 종류가
다양하다.

퀼트실 : 표면이 코팅되어 있
어 바느질할 때 엉키지 않고
튼튼하다.

자수실 : 스티치를 하거나 수
를 놓을 때 쓰인다.

바늘

손바느질용 바늘은 끝이 아주
뾰족하고 바늘귀가 둥글다. 번
호가 올라갈수록 바늘이 더 작
고 얇다.
원단 두께에 맞춰 적합한 바
늘을 사용하는데, 중간 두께
인 융에는 6∼9호 바늘이 적
당하다.
퀼트용 바늘은 손바느질용 바
늘보다 더 작고 얇다.

시침핀

원단이 밀리는 걸 방지하거나
여러 겹의 원단을 고정시키기
위해 사용한다.

자

선을 그리거나 시접을 표시할
때 필요하다.
시접 측정이 편리하도록 맞추
어져 나온 시접자도 있다.

연필, 수성펜, 초크

본을 원단 뒷면에 옮겨 그릴 경
우 2B 연필을 쓴다.
원단이 얇아서 비칠 우려가 있
거나 겉면에 표시해야 할 때는
물을 뿌리면 지워지는 성질의
수성펜이 좋다.
어두운 색 원단은 펜이나 연필
로 그리면 잘 보이지 않으므로
밝은 색 초크를 사용한다.

1. 두 장의 원단을 잇는 홈질

손바느질의 기본으로 두 장의 원단을 이을 때 활용한다. 수실이나 장식실을 이용해서 겉면에서 튼튼하게 바느질하거나 장식할 때에도 쓰인다

STEP ① - ② - ③

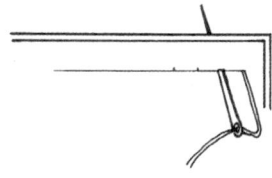

① 매듭지어진 실을 꿰고 뒤에서 앞으로 바늘을 뺀다. 한 땀을 2~3mm 길이로 한다.

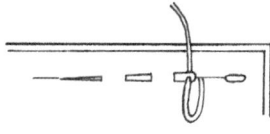

② 한 땀 벌려 넣기를 2~3번 반복한다.

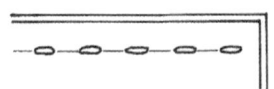

③ 원단이 울지 않도록 잘 펴가며 바느질한다.

2. 원단을 튼튼하게 이어주는 박음질

홈질보다 튼튼하게 원단을 고정시킬 수 있는 바느질. 두꺼운 원단끼리 이을 때나, 튼튼하게 고정시켜야 하는 부분에 활용한다. 바늘땀의 길이는 홈질보다 조금 더 긴 3~5mm를 기준으로 한다. 곡선 부분은 땀의 길이를 줄여서 선을 부드럽게 한다.

STEP ① – ② – ③

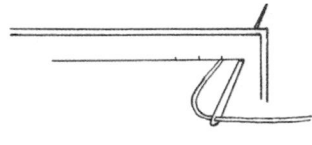

① 바느질을 시작해야 하는 점으로부터 한 땀 앞에서 바늘을 뺀다.

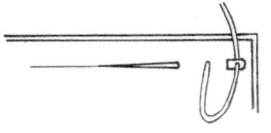

② 한 땀 뒤로 바늘을 꽂고 두 땀을 지나 바늘을 뺀다.

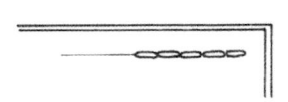

③ 같은 방식을 반복한다.

3. 두꺼운 원단용 반박음질

박음질은 바늘이 나갔다 돌아와 실이 나온 자리로 다시 바늘이 들어가지만, 반박음질은 바느질된 폭의 절반만 되돌아가서 다시 바늘을 꽂는다는 점이 다르다. 바느질하는 시간이 박음질보다 덜 걸리면서도 홈질보다 튼튼하다는 게 장점이다.

STEP ① - ② - ③ - ④

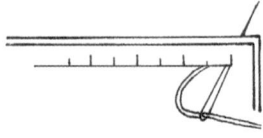

① 바느질이 시작되는 점으로부터 한 땀 앞에서 바늘을 뺀다.

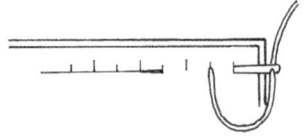

② 한 땀 뒤로 바늘을 꽂고 세 땀을 지나 바늘을 뺀다.

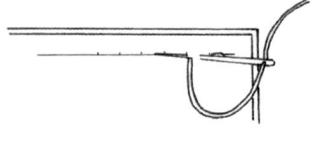

③ 한 땀 벌어진 폭의 1/2쯤에 바늘을 꽂아 다시 한 땀을 벌리고 바늘을 뺀다.

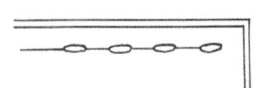

④ 반복하여 바느질하고 매듭을 짓는다. 앞면은 홈질처럼 보인다.

4. 시접을 처리하는 공그르기

바느질 후 바늘땀이 잘 보이지 않아 깔끔하다. 원단과 원단 사이의 벌어진 부분이나, 두 원단을 겉면에서 연결할 때 사용한다. 양쪽 시접을 맞대고 한 땀씩 번갈아 뜨는 걸 반복한다. 다음 땀으로 넘어갈 때 실이 사선이 아닌 일자가 되어야 실도 보이지 않고, 사이도 벌어지지 않는다.

STEP ① - ② - ③

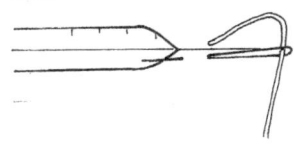

① 바느질이 시작되는 점 뒤에서 앞으로 매듭진 바늘을 뺀다. 이을 원단에 바늘을 꽂아 한 땀 뜬다.

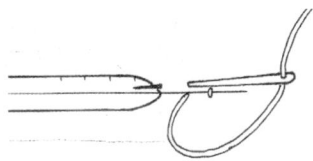

② 다시 이을 원단에 바늘을 꽂고 한 땀 뜬다. 이렇게 두 장의 원단을 ⌐_⌐_⌐_⌐ 모양으로 반복하여 바느질한다.

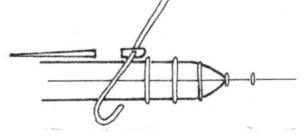

③ 두 장의 원단이 밀착되도록 실을 가볍게 당기면서 바느질한다. 뒤쪽에서 매듭을 지어 마무리한다.

5. 올풀림을 막는 감침질

원단의 끝부분이나 옷의 밑단의 시접올이 풀리는 걸 막기 위해 사용한다. 바늘을 원단과 직각으로 꽂아 실을 빼야 깔끔하게 마무리된다. 0.5cm 정도의 간격으로 꼼꼼하게 감침질해야 올이 잘 풀리지 않는다.

STEP ① – ②

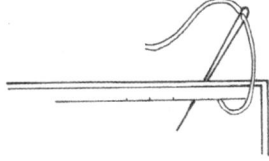

① 바느질 시작되는 점에서 뒤에서 앞으로 매듭지어진 바늘을 뺀다. 다시 다음 땀도 뒤에서 앞으로 바늘을 뺀다.

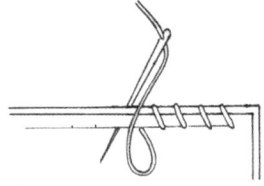

② 반복하여 천을 감듯이 바느질한다. 매듭은 어느 쪽이어도 상관없다.

6. 바느질 시작 매듭짓기

올이 성긴 원단에는 굵게, 얇은 원
단에는 작게 매듭을 짓는다. 바늘에
실을 여러 번 돌리면 매듭이 커지고,
한두 번 돌리면 작게 만들어진다.

7. 바느질 마무리 매듭짓기

시작 매듭과 같이 올의 굵기나 두께
에 따라 실을 바늘에 대고 돌리는 횟
수로 매듭의 크기를 조절한다.

STEP ① – ② – ③

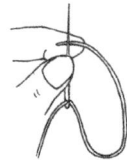

① 바늘에 끼워진 실의 끝을 검지 위에 올
리고 십자 모양으로 바늘을 놓는다.

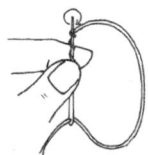

② 손에 놓인 실과 연결된 실을 바늘에
2~3번 돌린다.

③ 돌린 매듭을 엄지와 검지로 누르고 반
대편 손으로 바늘을 잡고 위로 빼낸다.

STEP ① – ②

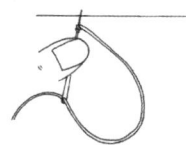

① 바느질이 끝난 자리에 바늘 끝부분을
대고 실을 2번 정도 감는다.

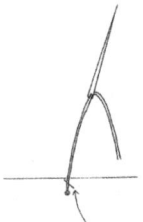

② 매듭을 엄지로 누르고 반대편 손으로
바늘을 뺀다. 실을 조금 남기고 자른다.

1. 도안 그리기

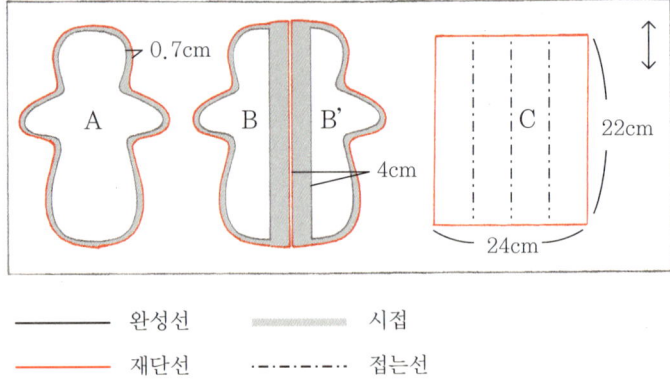

——— 완성선	········· 시접	
——— 재단선	·—·—·— 접는선	

STEP ① – ② – ③ – ④ – ⑤
···

① 본 위에 비치는 종이를 올리고, 움직이지 않게 고정시킨다.

② 연필로 본의 완성선을 따라 그리고 오린다. 여러 번 사용하려면 두꺼운 종이를
   덧댄다.

③ 원단 안쪽에 시침핀으로 본을 고정한다.

④ 재단용 수성펜이나 연필로 원단에 본을 그린다.
   뒷판이 절개되는 생리대의 경우, 본을 중심선에 맞추어 접은 다음 좌우대칭이
   되도록 양쪽으로 그려 사용한다.

⑤ 시접분(보통 0.7~1cm)만큼 밖으로 여유를 두고 원단을 자른다.

2. 바이어스 만들기

STEP ① - ② - ③ - ④ - ⑤ - ⑥ - ⑦ - ⑧

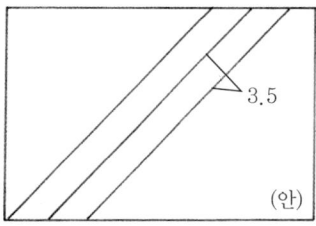

① 원단의 바이어스 방향(식서 방향의 사선)으로 재단한다. 2~3장 겹쳐진 원단의 시접을 마무리할 때는 3.5cm 폭, 솜이나 두꺼운 원단이 겹쳐진 경우 4cm 정도 폭으로 재단한다.

② 필요한 바이어스의 길이만큼 1줄로 재단하기 어려울 경우, 여러 줄로 재단한 다음 겉면끼리 직각으로 포개어 이어서 홈질한다.

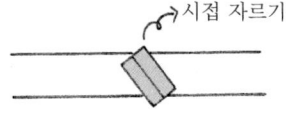

③ 연결된 바이어스를 1줄로 펴고 시접을 가름솔한다. 바이어스 바깥으로 튀어나온 시접은 잘라낸다.

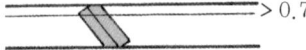

④ 바이어스 안쪽으로 0.7cm 들어 가 선을 긋는다.

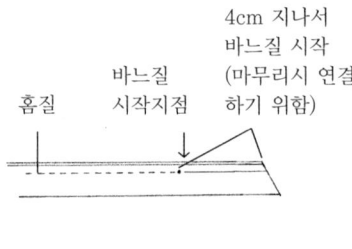

⑤ 바이어스로 감싸려는 원단의 겉 면 위에 바이어스를 올린다. 시작 지점에서 4cm 정도 떨어져서 선을 따라 홈질한다.

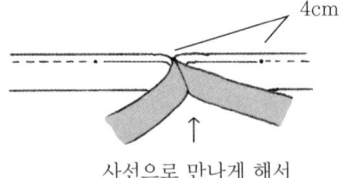

⑥ 둘레를 홈질한 다음, 양쪽 바이 어스가 만나는 점의 4cm 앞에서 홈 질을 멈춘다.

바느질 안된 곳 홈질

원단 (겉)

⑦ 바이어스를 사선으로 접어 양쪽이 편편해지도록 놓는다. 접은 쪽에 시접을 남기고 자른 다음, 바이어스 양쪽을 만나도록 잡아 나머지 부분을 홈질로 연결한다.

원단 (안)

공그르기

원단 (안)

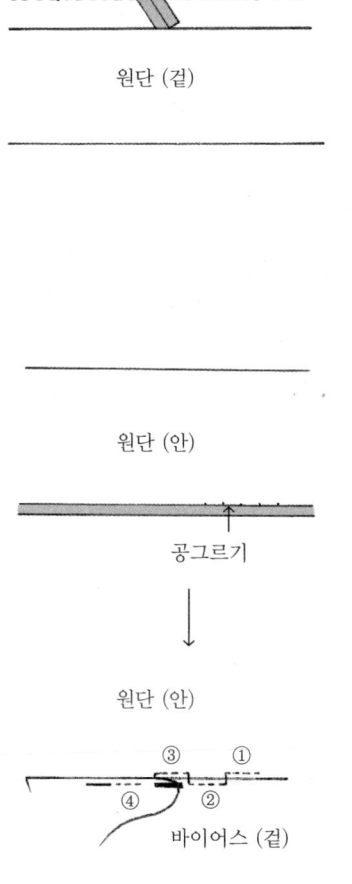

바이어스 (겉)

⑧ 바느질된 바이어스를 뒤쪽으로 넘겨 시접을 한 번 접고, 다시 한 번 접어 바느질한 부분이 덮이게 한다. 원단과 바이어스를 공그르기해서 고정한다.

3. 곡선 바느질하기

바느질할 곳이 곡선일 때는 직선 바느질보다 주의해서 바느질한다. 곡선 굴곡이 심한 부분은 바느질 땀을 더욱 꼼꼼하게 하고, 가위집을 넣는다.

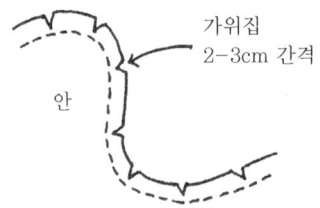

가위집
2-3cm 간격

안

곡선 바느질은 바느질이 끝나고 시접을 0.5cm 정도로 짧게 정리하고 가위집을 넣어야 한다.

4. 똑딱단추 달기

원단을 뜬 다음 똑딱단추의 구멍으로 바늘을 빼고 다시 구멍 밖으로 바늘을 꽂아 같은 방법을 반복하면서 한 구멍마다 4~5번씩 단단하게 고정시킨다.

STEP ① - ② - ③

① 암단추와 수단추를 구별하여 맞게 올리고 매듭지어진 실을 원단을 통과하여 단추의 구멍으로 나오도록 한다.

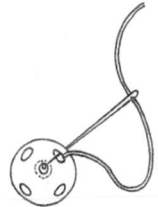

② 구멍의 바깥에서 원단을 떠서 바늘을 구멍으로 나오도록 반복하여 원단과 똑딱단추가 고정되도록 나머지 구멍도 모두 바느질한다.

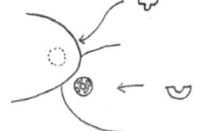

③ 양쪽에 암단추와 수단추가 잘 달렸는지 확인한다.

217

생리주기계산표

생리주기란 '생리 시작일부터 다음 생리 시작 전일까지의 기간'을 뜻한다.
1월 1일 생리를 시작했고, 그 다음 생리 시작일이 1월 29일이었다면 생리주기는
정확히 28일이다. 보통 28일에서 30일의 생리주기가 일반적이다.

생리주기를 잘 알아두어야 하는 이유는 내 몸의 건강상태를 점검하고 임신을 조절
하기 위해서이다. 예상 생리일이 한참 지나도록 생리가 없다면 생리불순일 가능성
이 높다. 심한 생리불순의 경우 산부인과에 가서 검진을 받아야 한다.

다음은 생리주기 28일 기준으로 작성된 표이다.
생리주기가 28일 이상일 경우, 가로 칸을 추가로 만들어 표를 수정해서 사용하거나,
28일에서 초과되는 날짜만큼 오른쪽으로 칸을 이동하며 체크하면 된다.
* 에코걸 홈페이지(ecogirl.net)에서 파일을 받을 수 있다.

ex)
생리 시작일이 1월 4일이고, 생리주기가 32일일 경우 2월과 3월의 예상 생리일은?
→ 1월 4일로부터 28일 후의 날짜는 2월 1일이다.
　생리주기가 32일이므로 4일을 더하여 오른쪽으로 4칸 더 이동한
　2월 5일과 3월 9일이 생리 예상일이 된다.

1	1 2 3 ④ 5 6 7 8 9 10 11 12 13 14 15 16 17 18 19 20 21 22 23 24 25 26 27 28 29 30 31
2	1 2 3 4 ⑤ 6 7 8 9 10 11 12 13 14 15 16 17 18 19 20 21 22 23 24 25 26 27 28
3	1 2 3 4 5 6 7 8 ⑨ 10 11 12 13 14 15 16 17 18 19 20 21 22 23 24 25 26 27 28 29 30 31

MONTH	DATE
1	1 2 3 4 5 6 7 8 9 10 11 12 13 14 15 16 17 18 19 20 21 22 23 24 25 26 27 28 29 30 31
2	1 2 3 4 5 6 7 8 9 10 11 12 13 14 15 16 17 18 19 20 21 22 23 24 25 26 27 28
3	1 2 3 4 5 6 7 8 9 10 11 12 13 14 15 16 17 18 19 20 21 22 23 24 25 26 27 28 29 30 31
4	1 2 3 4 5 6 7 8 9 10 11 12 13 14 15 16 17 18 19 20 21 22 23 24 25 26 27 28 29 30
5	1 2 3 4 5 6 7 8 9 10 11 12 13 14 15 16 17 18 19 20 21 22 23 24 25 26 27 28 29 30 31
6	1 2 3 4 5 6 7 8 9 10 11 12 13 14 15 16 17 18 19 20 21 22 23 24 25 26 27 28 29 30
7	1 2 3 4 5 6 7 8 9 10 11 12 13 14 15 16 17 18 19 20 21 22 23 24 25 26 27 28 29 30 31
8	1 2 3 4 5 6 7 8 9 10 11 12 13 14 15 16 17 18 19 20 21 22 23 24 25 26 27 28 29 30 31
9	1 2 3 4 5 6 7 8 9 10 11 12 13 14 15 16 17 18 19 20 21 22 23 24 25 26 27 28 29 30
10	1 2 3 4 5 6 7 8 9 10 11 12 13 14 15 16 17 18 19 20 21 22 23 24 25 26 27 28 29 30 31
11	1 2 3 4 5 6 7 8 9 10 11 12 13 14 15 16 17 18 19 20 21 22 23 24 25 26 27 28 29 30
12	1 2 3 4 5 6 7 8 9 10 11 12 13 14 15 16 17 18 19 20 21 22 23 24 25 26 27 28 29 30 31

월경주기팔찌 만들기

월경주기팔찌는 생리 시작일부터 다음 달 생리 시작 전일까지의 순환주기 속에 있는 배란일과 가임기간, 생리 예정일을 구슬로 꿰어 만든 것이다. 팔찌를 만들면서 배란일과 생리 예정일, 임신 가능성이 높은 기간 등을 배우고 여성의 몸이 어떻게 변화하는지를 알 수 있다.

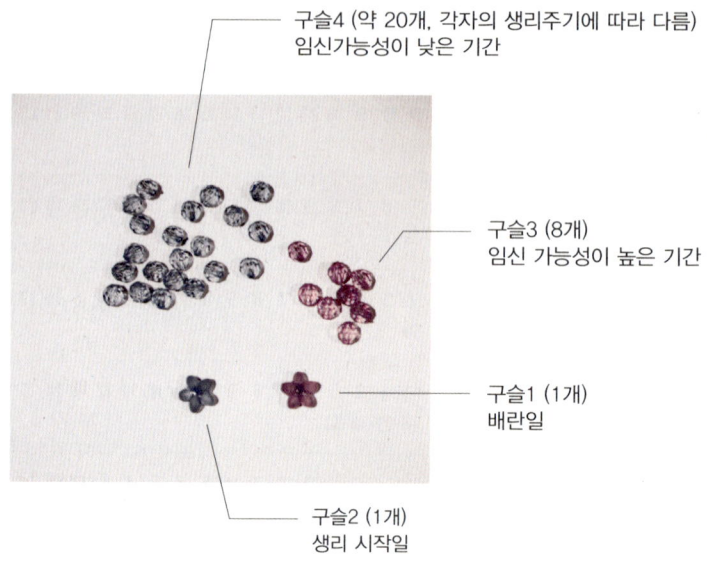

구슬4 (약 20개, 각자의 생리주기에 따라 다름)
임신가능성이 낮은 기간

구슬3 (8개)
임신 가능성이 높은 기간

구슬1 (1개)
배란일

구슬2 (1개)
생리 시작일

구슬은 5~10mm의 크기가 적당하다. 4가지 종류의 구슬은 색깔과 모양으로 구분하며, 각각 1일씩을 나타낸다.

STEP ① － ② － ③ － ④ － ⑤ － ⑥ － ⑦ － ⑧

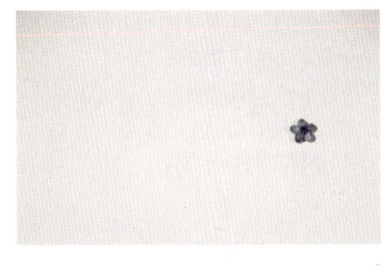

① 생리 시작일을 의미하는 파란색 꽃구슬 한 개를 오른쪽에 놓는다.

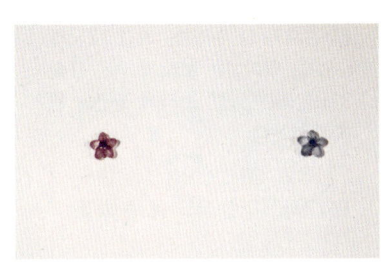

② 배란일을 의미하는 보라색 꽃구슬 한 개를 파란색 꽃구슬 왼쪽으로 14일 정도의 간격을 두어 놓는다.

* 생리 시작일로부터 14일 전 배란이 일어난다. 배란 후 수정되지 않은 난자와 두터워진 자궁내막이 출혈을 동반하여 몸 밖으로 배출되는 현상이 생리이다.

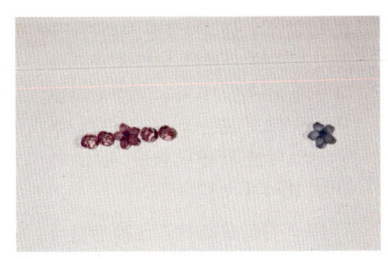

③ 보라색 꽃구슬을 중심으로 양쪽에 보라색 작은 구슬을 2개씩 놓는다.

* 배란일은 생리 시작일로부터 14일 전을 기준으로 신체 상황에 따라 이틀 정도씩 변경될 수 있다.

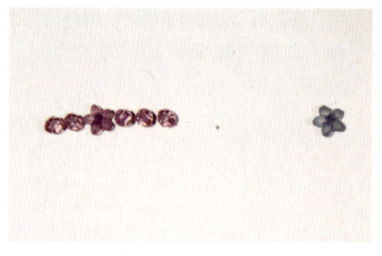

④ 배란일 오른쪽으로 보라색 작은 구슬을 1개 더 놓는다.

* 배란된 난자는 여성의 몸에서 보통 24시간(1일) 정도 살 수 있으므로 수정 가능성이 있다.

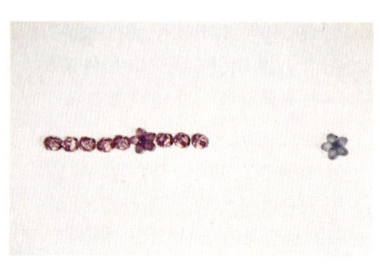

⑤ 정자가 살 수 있는 기간 72시간(3일)을 의미하는 보라색 작은 구슬 3개를 배란일 전, 보라색 꽃구슬 왼쪽에 놓는다.

* 사정된 정자는 여성의 몸에서 보통 72시간(3일) 정도 살 수 있다.

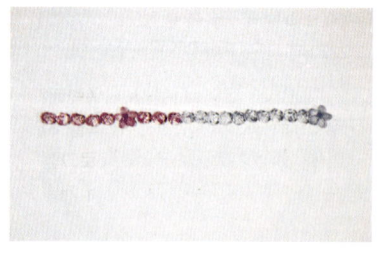

⑥ 배란일과 생리시작일 사이가 14일이 되도록 오른쪽 보라색 구슬과 파란색 꽃구슬 사이에 파란색 작은 구슬을 10개 놓는다. 9개의 보라색 구슬이 임신 확률이 높은 기간, 즉 가임기를 나타낸다.

* 가임기간이 아니어도 심리·환경적 영향에 따라 임신 가능성이 있다.

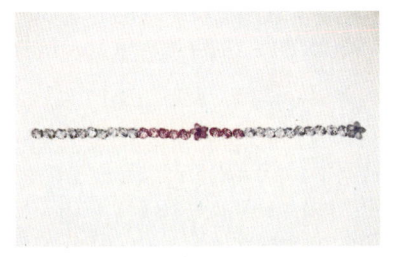

⑦ 지금까지 놓인 구슬은 총 20개. 각자 생리주기에 맞게 파란색 작은 구슬을 왼쪽에 배열한다.

⑧ 한쪽 끝을 살짝 매듭지은 줄에 구슬을 순서대로 꿴 다음 여러 번 묶어 마무리한다.

한국여성민우회 성폭력상담소 fc.womenlink.or.kr

차별 없는 성평등한 사회를 위해 만들어진 한국여성민우회 부설 성폭력상담소는 성폭력 없는 세상을 만들고, 건강한 성적의사소통 문화를 이루기 위해 여성주의 상담과 성교육을 하고 있다. 초·중·고·대학생을 위한 '당당한 성·안전한 성·즐거운 성' 캠페인과 교육 프로그램을 운영한다. '월경주기팔찌'는 성교육의 일환으로 한국여성민우회 성폭력상담소에서 개발하였으며, 특허청에 실용신안을 등록했다.

* 자료 및 재료 구입문의: 02-739-8858

여성환경연대는 모든 생명이 더불어 평화롭게 살아가는 지구를 만들기 위해 여성의 삶에서 생태적인 대안을 찾고 실천해가는 환경 NGO이다. 1999년 창립 이래 환경파괴가 여성의 몸과 삶에 미치는 영향에 주목하여 'STOP! 유해화학물질 DOWN DOWN 유방암!!' 캠페인, '굿바이 아토피' 캠페인, '안전한 화장품' 캠페인, '건강소녀교육', '에코걸캠프' 등을 하고 있다. 삶의 속도를 늦추기 위한 슬로 라이프 운동의 일환으로는 '캔들나이트', 'WITH A CUP' 캠페인, '핸드메이드', '텃밭교육' 등을 실천하고 있으며 아시아 여성의 삶과 연대하는 '희망무역 FAIR TRADE' 운동도 하고 있다.

네모의꿈은 이 책에 수록된 12가지 생리대를 디자인한 '네모' 이지은과 '꿈' 김윤주가 운영하는 공방이다. '네모'와 '꿈'은 2000년 한국아메리칸퀼트협회에서 강사과정을 수료했으며, 문화센터와 중고등학교에서 강사로 활동했다. 천연 섬유인 면과 리넨을 소재로 한 생활용품과 생리대를 만들며 강좌도 열고 있다. 저서로 리넨 DIY를 소개한 『아기옷&소품』이 있다.

쉽게 따라하는 핸드메이드 생리대

소중한 나를 위한 면생리대 이야기

1판 1쇄 인쇄 2010년 11월 1일
1판 3쇄 발행 2017년 9월 20일

지 은 이 여성환경연대·네모의꿈
펴 낸 이 송주영
펴 낸 곳 북센스
편   집 이재희
영   업 박선정
디 자 인 장지나

출판등록 2004년 10월 12일 제 313-2004-000237호
주   소 서울시 은평구 통일로 684 서울혁신파크 미래청 401호
전   화 02-3142-3044
팩   스 0303-0956-3044
이 메 일 ibooksense@gmail.com

ISBN   978-89-93746-03-7 (03590)

값 15,000원